习惯觉醒

〔日〕花丸学习会 著

彭永甜 译

海天出版社
HAITIAN PUBLISHING HOUSE
·深圳·

版权登记号 图字 19-2020-061 号

12 SAI MADE NI MINITSUKE TAI SEIRI SEITON

图书在版编目（CIP）数据

整理力 / 日本花丸学习会著 ; 彭永甜译. — 深圳 ：海天出版社，2021.9
（习惯觉醒）
ISBN 978-7-5507-2940-7

Ⅰ. ①整… Ⅱ. ①日… ②彭… Ⅲ. ①家庭生活一少儿读物 Ⅳ. ① TS976.3-49

中国版本图书馆 CIP 数据核字（2020）第 108715 号

整理力
ZHENGLI LI

出 品 人　聂雄前
责任编辑　邱玉鑫
责任技编　陈洁霞
责任校对　万妮霞
项目统筹　米　克
封面设计　王　佳

出版发行　海天出版社
地　　址　深圳市彩田南路海天综合大厦（518033）
网　　址　www.htph.com.cn
订购电话　0755-83460239（邮购、团购）
设计制作　米克凯伦（深圳）文化传媒有限公司
印　　刷　中华商务联合印刷（广东）有限公司
开　　本　787mm×1092mm　1/32
印　　张　4.5
字　　数　101 千
版　　次　2021 年 9 月第 1 版
印　　次　2021 年 9 月第 1 次印刷
定　　价　39.80 元

本书使用说明

正文 讲解“整理整顿”十个步骤

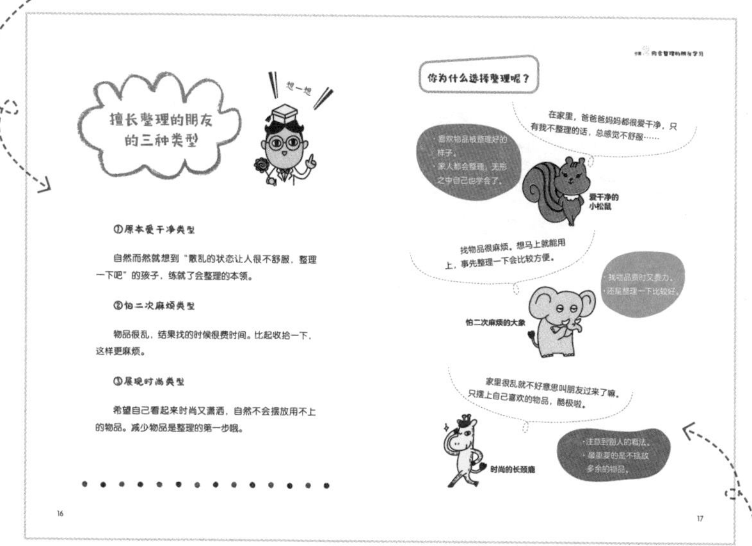

图解 采用插图形式，使“正文”内容及“整理整顿小秘诀”的相关要点和建议更简单易懂。

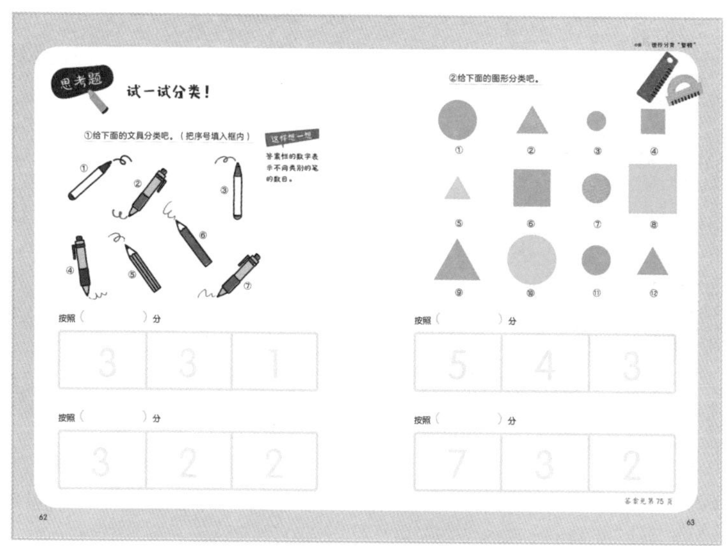

思考题 每个步骤结束后，都附有相关的小测验。这样既能学到整理物品的方法，又锻炼了思维能力，寓教于乐。

登场人物介绍

袋鼠

有点儿怕麻烦的男生。学习和玩耍都很专心，但是不喜欢整理。

考拉妹

爱干净，会整理的女生。性格温柔，在班里很受大家的喜爱。

花丸老师

本书的作者。他把整理的诀窍教给我们，是一位和蔼可亲的老师。

还有其他许多好朋友登场哟。

前言

手捧这本书的你，是不是对整理感到很头疼呢?

是不是经常被老师和家人责备：“赶快整理一下！”

然后你说“好麻烦”“干吗非得整理”就那样不管了?

但其实你心里一定也很想整理吧?很想让自己零乱的房间、桌子，还有书包，都变得整整齐齐吧？

因为这样既干净又方便，心情也会变好。

但出于种种原因，你一直没动手整理。是不是有这样的情况呢?

从哪里开始好呢?

放哪儿合适呢?

刚整理好，又乱了……

想着要整理，但总拖延……

就这样，你本打算整理一番，却一直不能顺利进行，烦恼极了。我没说错吧?

关于这个问题，本书会和你一起寻找答案，同时也会教你如何成为一个整理小能手哟。

希望读完这本书之后，你会干劲十足地说:“好！开始干啰！”

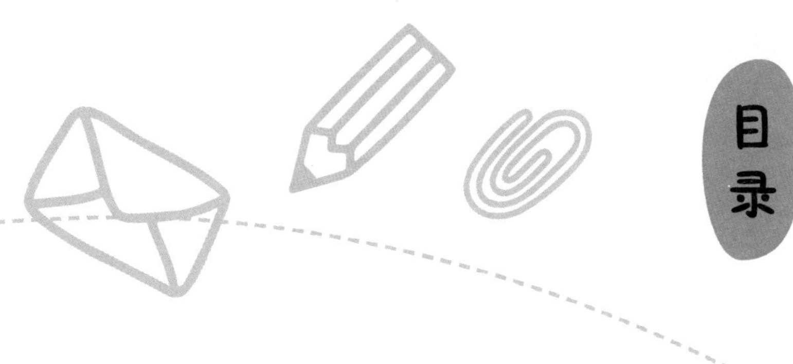

目录

序幕

我也要整理！

今天我们玩点儿什么呢？
这个嘛……

去袋鼠同学家看看怎么样？
什么？

袋鼠同学的房间
我家……
乱糟糟

对了……我今天还有别的事，不能一起玩了，下次吧……
这样啊，好吧。

考拉妹，要不要来我家玩？
哇！真的吗？

走吧
走吧
啊
啊
啊

唉……

花丸老师……
袋鼠同学，怎么啦？

是这样的，如此这般
原来如此

长颈鹿同学总是把家里收拾得干干净净，什么时候都能把朋友叫过去，真好。
那你也收拾干净不就行啦？

话虽如此，还是太难了……
没关系！稍微用点儿心，就能整理得很棒哟！

真的吗？
当然！而且，学会整理之后，你会发现还有更多好处呢！
好处？

老师把整理的秘诀告诉你，你也试一试！
好——嘞！
现在觉得浑身充满干劲！
燃烧
燃烧

步骤 1

“整理整顿”这件事重要吗

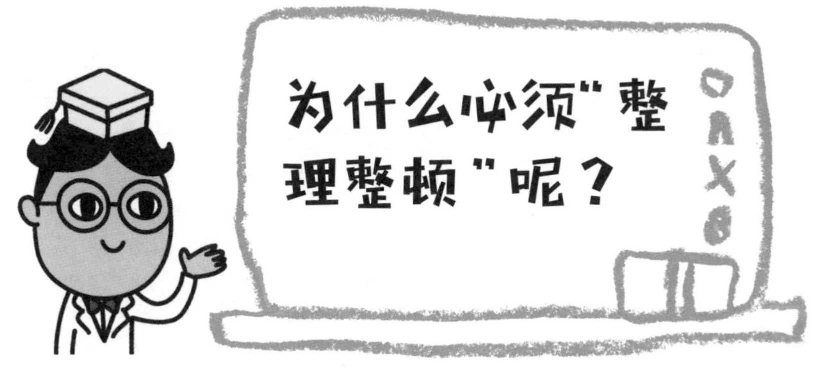

为什么必须“整理整顿”呢?

“咦，明天要带的笔记本放哪儿啦？妈妈，我的笔记本呢？”

“真是的，放哪儿啦——快迟到了！”

“啊，在西装底下。”

“不是告诉过你，要收拾好自己的物品吗？”

找不到物品的时候，你的家里是不是也有过这样的对话呢?

因为没有收拾好，经常这样被周围的人催促。

不管是给他人添麻烦还是自己受责备，都绝不会感到愉快。

而如果能够收拾得干干净净，就有很多好处啦！

一方面，能够大大减少找物品的时间。这样就有更多时间做自己喜欢的事情啦。

总是“这个没了，那个找不到啦”，就会在找物品上花很多时间。这是很浪费时间的。

另一方面，不会弄丢重要的物品。如果丢的是自己的物品，可能会后悔地想“下次我一定注意”。但是，假如你的朋友很信任你，把重要的物品借给了你，你却因为不懂得整理，把借来的物品弄丢了，这可就连信用也丢失了。

找物品要花多长时间？

很会整理的考拉妹

不会整理的袋鼠

每天找物品花的时间

约 5 分钟

约 20 分钟

一年的话……

约 1825 分钟≈1.3 天

约 7300 分钟≈5.1 天

调查显示，每人每天平均要花大约 10 分钟找物品。

加起来变成这样

不仅仅是整理物品，还有“整理整顿”的能力

学会“整理整顿”不仅可以让身边的物品整整齐齐，还有另一个作用，那就是，擅长“整理整顿”的人，大多数擅长“思维整理法”。

这些人在碰到一些较复杂的问题时，首先会把握整体的方向，并将各种确认无疑的信息理清，以便寻找答案。对理解的、不理解的内容则分开考虑。同时，明确问题要点，一个一个着手解决。

这种整理思路的方法，与整理物品的过程非常相似。

物品的“整理整顿”与思维整理法

物品的“整理整顿”

散乱状态 → 需要的物品 → 找出相似点进行分类 → 决定放置位置，收纳 → 整理后的状态（成功！）

散乱状态 → 不需要的物品 = 丢弃

思维整理法

问题出现

各种信息混杂状态 → 明确目标 → 未知内容 → 明确问题要点 → 行动与实践 → 问题解决（成功！）

明确目标 → 已知内容 = 解决完毕

填方块大战！——平面

用方块填充下面三个方格图。

①把所有方块填进去吧！

②选择合适的方块填进去吧！

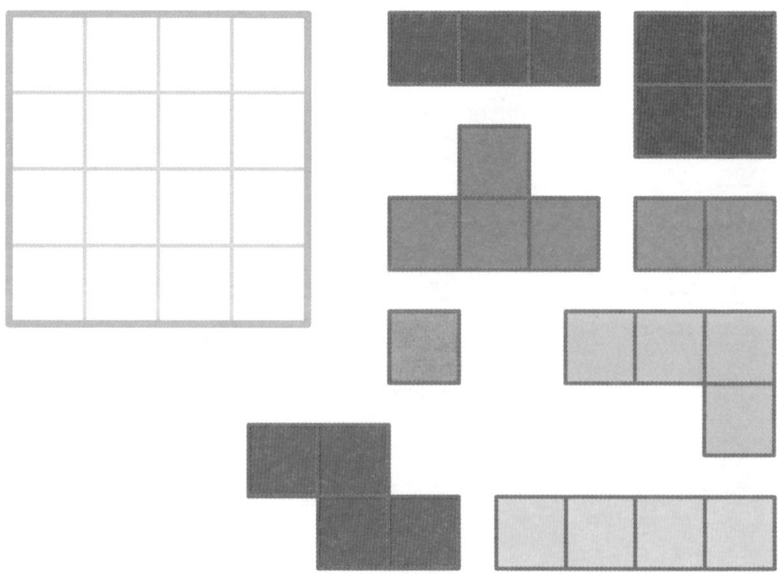

答案不是唯一的哦！

如果将方块旋转，会怎样呢？

③将所有方块填进去吧！

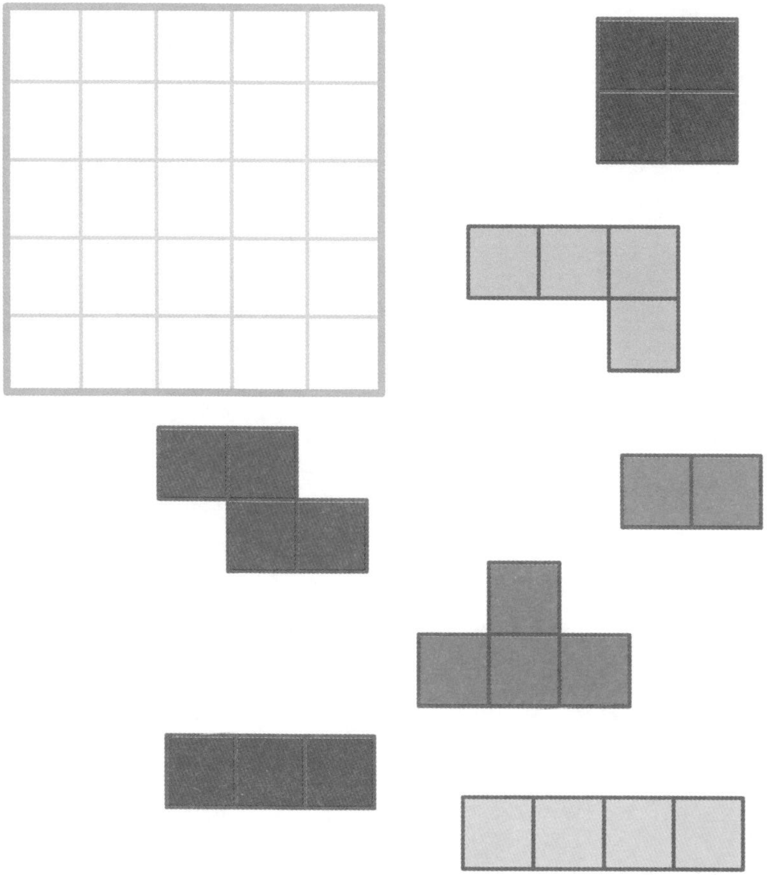

答案见第 21 页

步骤

2

向会整理的朋友学习

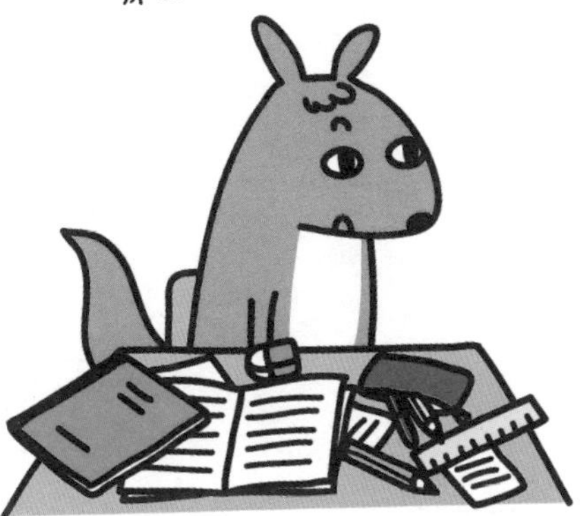
你为什么总收拾得
那么干净呢?

因为这样会让
心情愉快呀。

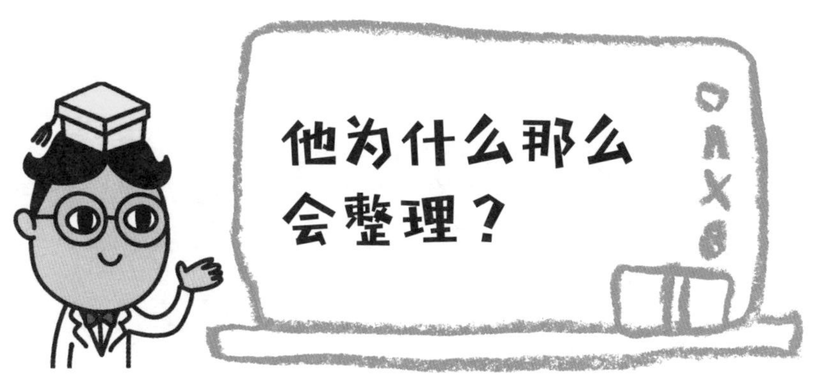

实际上，我以前也几乎不会整理，但总希望身边能变得干干净净的。

多少次计划着大显身手，到最后都没有实现。

于是我想，不如看看身边那些会整理的朋友，想一想和他们的区别在哪里。

在你周围，是不是也有这样的朋友呢？他们身边的物品总是整整齐齐的，无论是学校的桌子还是物品箱都很整洁。我稍微观察了一下，发现这些很会整理的人身上有几个共同的特征。

那么，这些会整理的孩子到底是怎么想的呢？快来一起看一下吧！

①原本爱干净类型

自然而然就想到“散乱的状态让人很不舒服，整理一下吧”的孩子，练就了会整理的本领。

②怕二次麻烦类型

物品很乱，结果找的时候很费时间。比起收拾一下，这样更麻烦。

③展现时尚类型

希望自己看起来时尚又潇洒，自然不会摆放用不上的物品。减少物品是整理的第一步哦。

你为什么选择整理呢？

在家里，爸爸妈妈都很爱干净，只有我不整理的话，总感觉不舒服……

· 喜欢物品被整理好的样子。
· 家人都会整理，无形之中自己也学会了。

爱干净的小松鼠

找物品很麻烦。想马上就能用上，事先整理一下会比较方便。

· 找物品费时又费力。
· 还是整理一下比较好。

怕二次麻烦的大象

家里很乱就不好意思叫朋友过来了嘛。只摆上自己喜欢的物品，酷极啦。

时尚的长颈鹿

· 注意到别人的看法。
· 最重要的是不摆放多余的物品。

擅长整理的朋友的房间

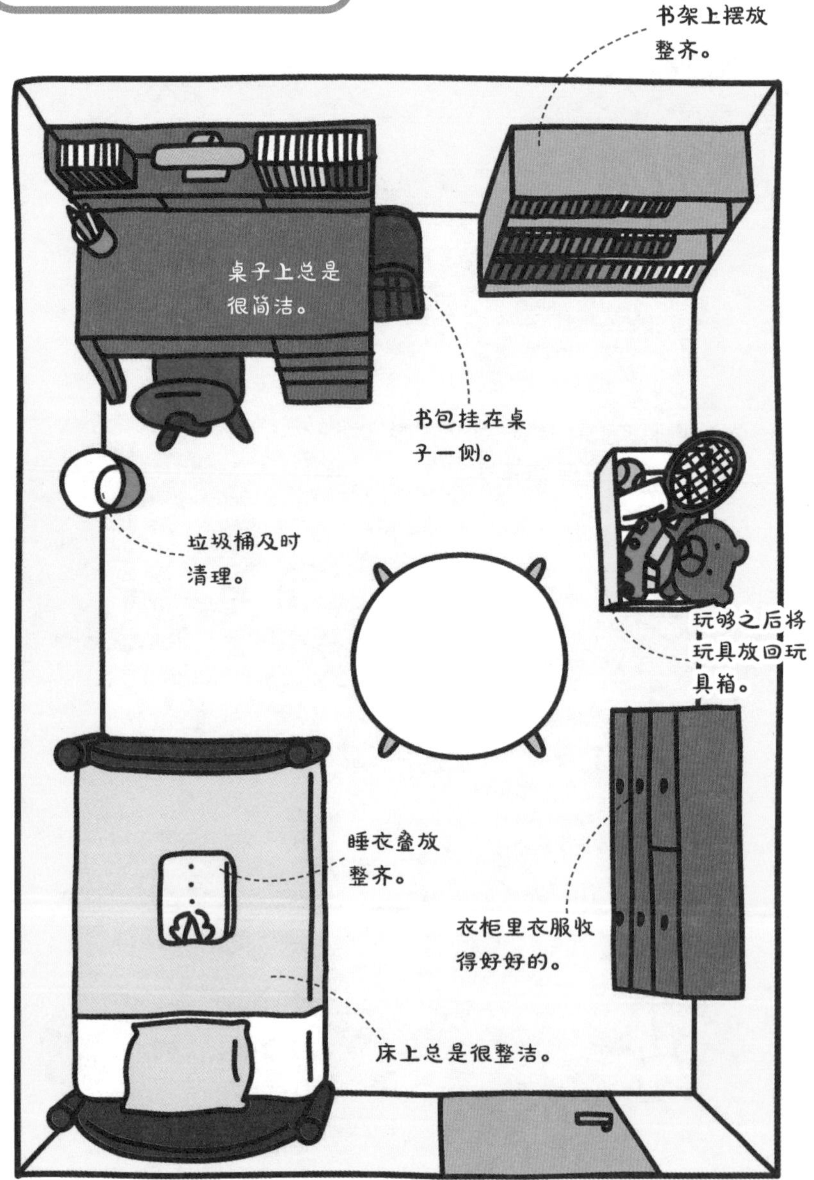
书架上摆放
整齐。
桌子上总是
很简洁。
书包挂在桌
子一侧。
垃圾桶及时
清理。
玩够之后将
玩具放回玩
具箱。
睡衣叠放
整齐。
衣柜里衣服收
得好好的。
床上总是很整洁。

一般来说，同样擅长整理，也分好几种类型呢。但无论哪种类型，这些孩子身上都有一个共同点：能将整洁的状态一直保持下去。

有没有一个擅长整理的朋友和你是同一类型呢？如果有，说明你也很会整理哦！

又或者，大家和你都不一样呢？

那些擅长整理的小伙伴的思考方式，有没有你认可和理解的地方呢？

有没有想过“好想和他们一样啊”？

如果答案是“是”，那你有很大的潜力成为擅长整理的人哟！

填方块大战！——立体

用方块填充下面两个箱子。

其中有一组是多余的。想一想是哪一组呢？

①

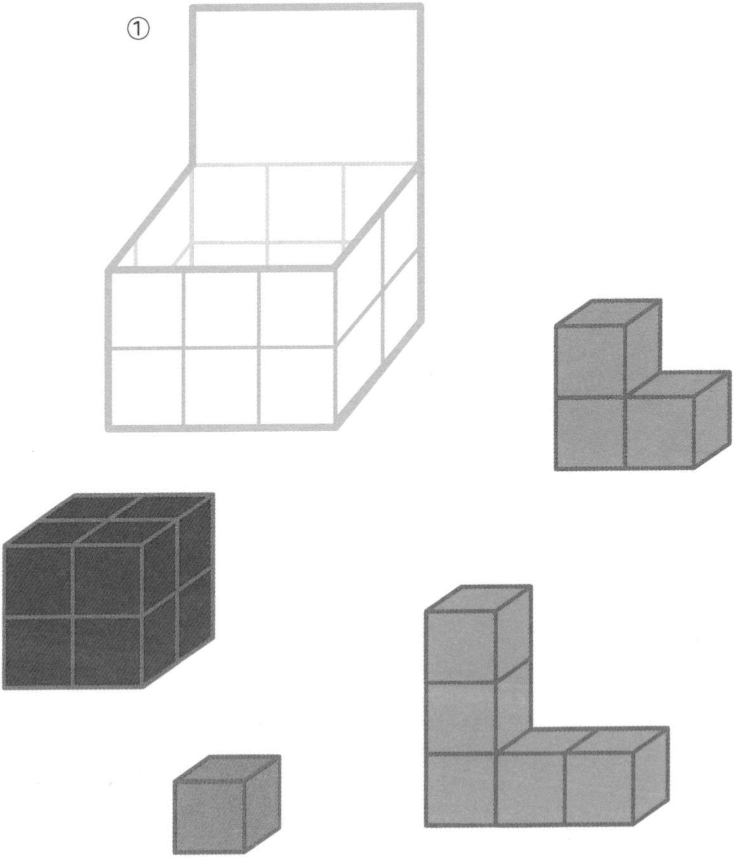

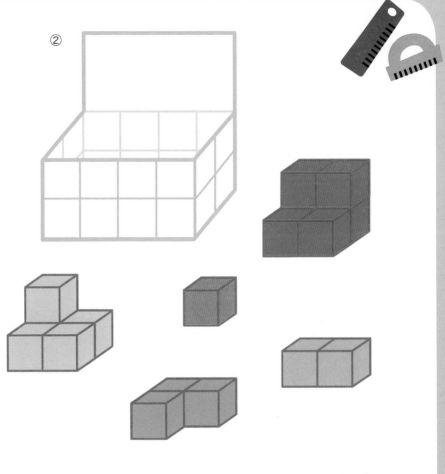

②

答案见第 31 页

第 10—11 页的答案

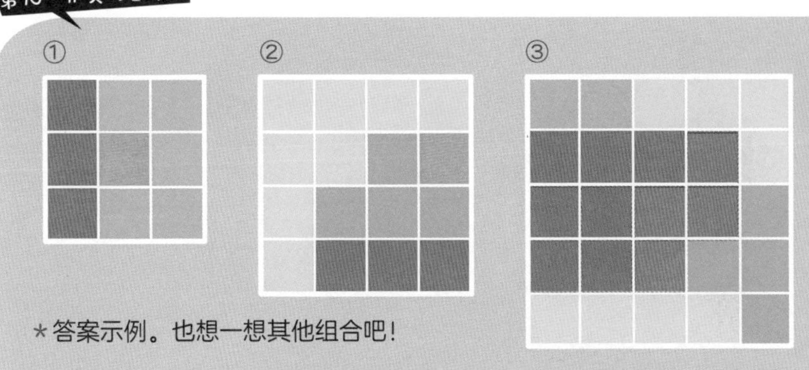

*答案示例。也想一想其他组合吧！

步骤

3

为什么没能进行整理

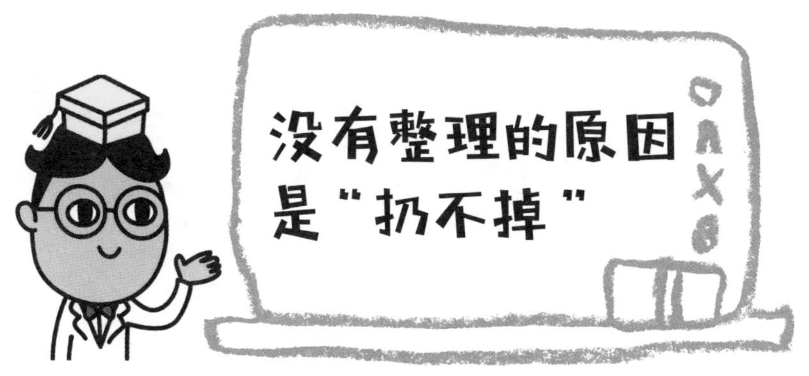

没有整理的原因是"扔不掉"。

在步骤 2，我们了解了那些会整理的人的思考方式。现在，再想想为什么你对整理还无从下手呢。

①"不用的物品丢不了"类型

桌子被不用的物品塞得满满当当，是不是有时都想不起在哪里放着哪样物品了呢？东西一多，不知不觉就变得乱糟糟了。

实际上，很多时候，整理的"敌人"是太多的没用的物品。

看来没有及时扔掉不用的物品也阻碍了整理的步伐呢。这一点会在步骤 4 详细解说哟。

②“用后放置不管”类型

物品随手乱放，最后就记不清哪里究竟放着什么了。这一类人真不少呢。

他们会想：“反正一会儿还用，就放在触手可及的地方好了。”这样下去，没多久房间就会变乱哟。

书包也是同样的道理。“不久还用得着，先放这里吧……”于是，不必要的课本和笔记全堆在里面，结果，需要某件东西的时候就得全拿出来，弄得很乱。

袋鼠的乱糟糟的房间

书架上乱七八糟。
作业做完没收起来。
漫画书敞着。
游戏机开着。
垃圾篓里堆得满满的。
脱下来的袜子乱丢。
果汁和零食袋子乱放。
床上一团糟。
衣柜里的衣服没有收纳好。
脱下来的睡衣随手扔。
书包扔在地上。

试一试
没决定好放置
的位置，就会
渐渐变乱

③“放置位置未决定”类型

还有一种类型：没有决定好将物品放在哪里，渐渐地，目之所及之处都是各种物品。

虽说绝没有刻意往后推，但因为没想好把东西放在哪里，就找个地方暂时先堆起来。如果这个地方不适合放这件东西，就再换一处……如此循环，最后记不清物品究竟放在哪儿了。

结果呢，找物品的时候就得一股脑儿全翻一遍。不太会整理的你，找的时候心中是否有线索呢?

下一步，再深入思考一下“物品扔不了”的原因吧！

关于“放置位置未决定”的问题要点

没有决定好放哪里。

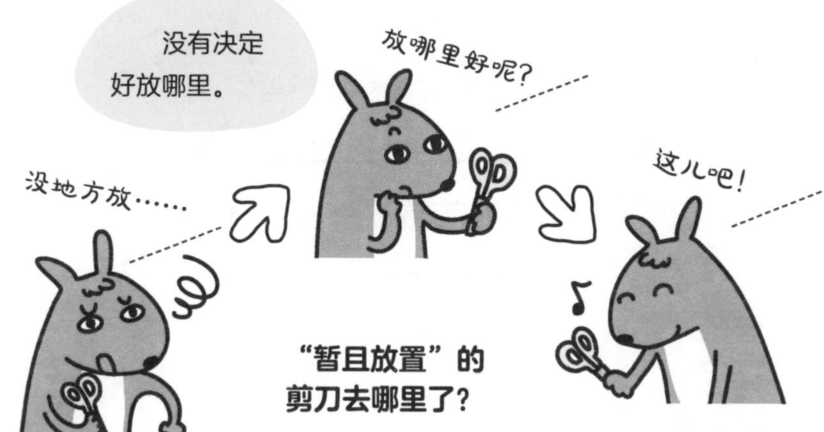

“暂且放置”的剪刀去哪里了？

空间又没了，变得零乱。

暂且放置。

买了新的，物品增多。

找不到要找的物品。

你是哪种类型？

你学会整理了吗？来看看自己属于哪种类型吧！

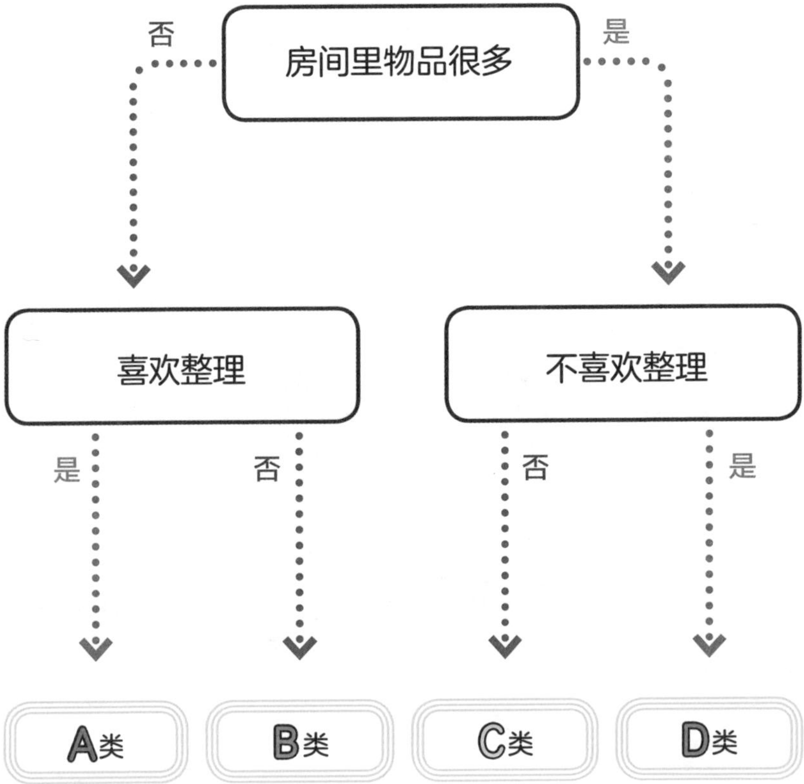

A类的你……

做事一丝不苟，很爱干净呢。房间应该也收拾得很整洁。继续努力吧！

B类的你……

对于物品该放哪里感到很困惑吧？只要决定了它们的最佳放置位置就好了哟。详细内容在步骤6！

C类的你……

是不是不知该如何扔掉不用的物品呢？将物品减少房间会变整洁哟。详细内容在步骤5！

D类的你……

看来，你经常为整理这件事而苦恼吧？没关系！继续读下去，来学习整理的技巧吧！

第20—21页答案

多余的方块

①

②

多余的方块

根除“扔不了”的毛病

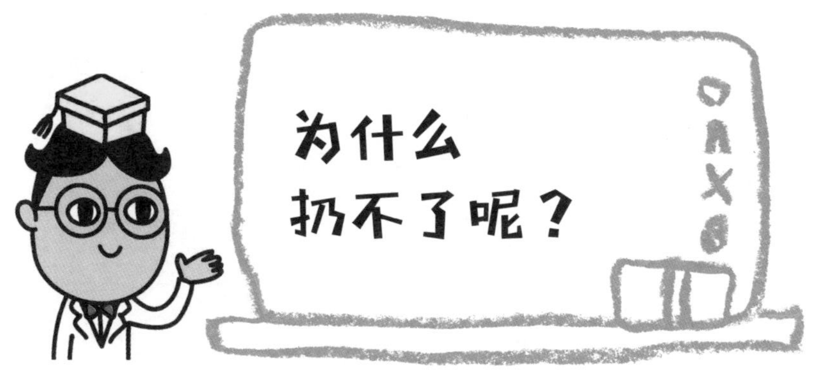

在步骤 3，我们了解到，不会整理的一个很重要的原因是没有扔掉那些不用的物品。

而那些会整理的人则渐渐丢掉它们，防止物品不断增多。

但是，为什么有的人能扔掉不用的物品，有的人却不能呢？这是因为，在决定是否扔掉的时候，二者的思考方式有所不同。

能够扔掉它们的人，分得清哪些是需要的，哪些是不需要的。然而，扔不掉它们的人，由于各种原因，把实际上并不需要的物品当成不能扔的。

那么，不能扔的理由有哪些呢？你是出于什么原因没扔呢？回想一下当时的心情吧！

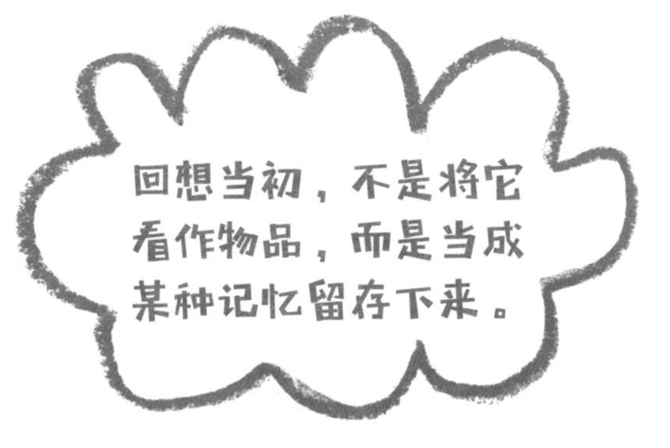

回想当初，不是将它
看作物品，而是当成
某种记忆留存下来。

①因为承载着回忆。

“现在完全用不上了，但小时候，我经常玩这个玩具呢。嗯，虽然不玩了，但还是很重要，留着吧。”

很理解这种心情。不过那些不能穿的西装，有一天还是扔掉吧。

虽然这些有趣的物品被小心收起来，但平时并不会想起它们。也就是说，如今完全忘了并不需要的物品。

所以呢，最重要的不是将引起回忆的物品收在箱子里，而应该感谢它们在必要时陪伴自己，然后将回忆留在心底，拿出勇气与完成任务的它们告别。

回忆放置法

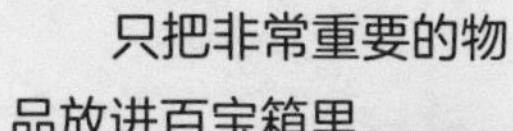

只把非常重要的物品放进百宝箱里。

可以将照片制成影集。事物本身是留不住的。

旧物活用法

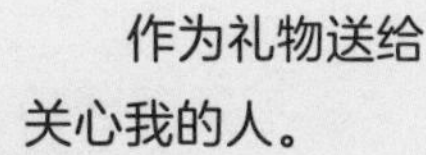

作为礼物送给关心我的人。

改造成其他物品再利用。

想一想
2
有些物品收纳后也几乎不会再用哦！

②理由是“说不定以后还用得着”。

这很让人头疼呢。虽说不是必需品，但不知什么时候就用上了。或者说，有它们更方便些。没错，这一点与①有着根本性的差异：具有“也许还用得着”的特点。

那么，换作是你的话会怎么做呢？

“毫不犹豫地扔掉。”会整理的人都会这么选择。

这一点很不可思议，“还可能用到的物品”实际几乎不会再派上用场了，而是待在被放置的地方（指收纳它的空间）一直“睡大觉”。

像这样的物品其实真不少呢！所以，毫不犹豫扔掉它们，物品就会减少很多哦！

以后真的会用吗？

今年一次也没穿过的衣服以及变小的衣服。

不怎么玩的玩具。

过时了的派对小道具。

用完的笔记本、短铅笔和小块的橡皮等。

下决心丢掉它们也很重要。

爱惜每件物品固然重要，但同时也该拿出勇气丢掉不用的旧物。

寻找丢失的物品！

从选项中找回丢失的物品吧。在选项旁边标上序号。

这样想一想

选项中也有多余的。仔细回想使用它们时的场景，不要被迷惑哟。

①学习用品

②体育・游泳用具

③学校午餐相关物品

选项

④客厅里

⑤厨房里

⑥浴室里

⑦自己的房间里

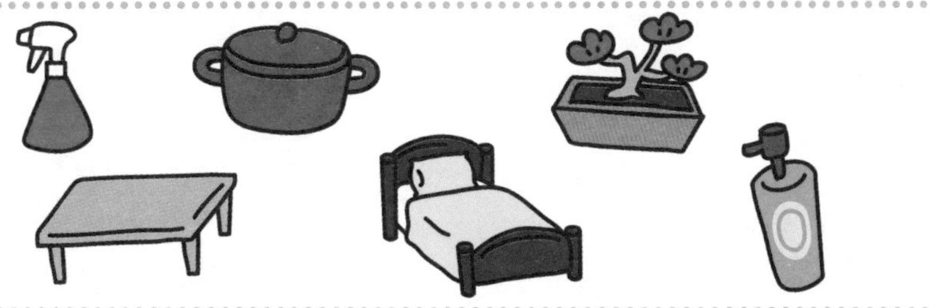

答案见第 51 页

步骤

5

行动起来！
开始整理吧

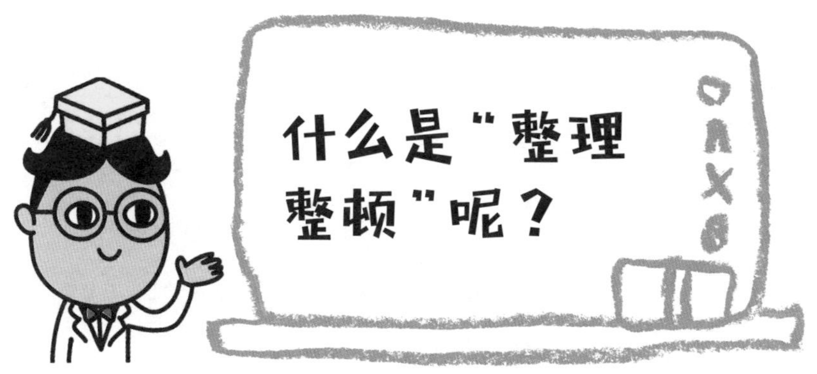

什么是“整理整顿”呢？

虽然我们经常概括地使用“整理整顿”这个词语，但实际上，“整理”和“整顿”分别包含不同的意思。

“整理”是指将零乱的物品变整齐，并去除那些不需要的物品。

“整顿”并不包括“去除不需要的物品”这一层含义，而是指按照某种规则正确放置。

收拾的时候，先丢掉不需要的物品，然后正确摆放，会事半功倍哟。

因此，严格说来是“整理→整顿”。

那么，我们现在开始思考具体的“整理方法”吧。

首先拿出所有物品，明确哪些要扔掉！
试一试 1

在开始整理之前，要跟大家传达非常重要的一点——要尽可能缩小收拾的场所，以及要有充足的时间。一下子收拾很多地方费时又费力，而如果收拾不完，最后还是一片散乱。学会合理分配时间，比如按照先收拾桌子，然后收拾书架的顺序，这很关键哟。

确定要收拾的场所，确认可以使用的时间，然后在这个场所把所有物品都拿出来，开始分清楚哪些物品是要扔掉的。

这么做也许会造成最混乱的场面，但这是重要的处理过程，请不要在意混乱，把所有物品都清出来。

把桌子里的物品全部拿出来吧！

放进桌子的物品
铅笔
卷笔刀
美工刀
计算器
订书机
算盘
量角器
修正液
透明胶
三角尺
坏掉的笔
照片
袜子
胶水
蜡笔
信件
橡皮屑
算术
短铅笔头
课本
钢笔
彩色铅笔
备忘录
打孔机
圆规
糖果
坏掉的尺子
笔记
皱巴巴的笔记
备忘录残页
橡皮
糖果
漫画
尺子
笔记本
漫画
书
便利贴
剪刀
手帕
弄脏的纸巾
游戏机

下一步，将必要的和不必要的物品分开。如在步骤4所说，毫不犹豫地扔掉“说不定还会用的物品”，这样能节省很多时间。

如果仍犹豫不决，不如先找个箱子放进去吧。等其他的物品全部整理完，再重新考虑。

很可能当你整理完，就会发现物品数量少了很多了。

不过在这里还是希望大家明白一点：其实你身边不用的以及不必要的物品非常多。想着“可能会用”就买下了，但只是放在桌子上从未使用过。通过整理，希望你能记在心里：一定不要让不必要的物品增多。

可以扔的有哪些？

第 47 页所列举的桌子里的物品，你会扔掉哪些呢？

画 ◯ 的是垃圾和坏掉的物品，已经不能使用，所以可以丢掉。

要？不要？

将下列物品分成要的或不要的。

想一想这些物品分别是要还是不要，然后在对应的地方画上◯。

- 短铅笔头 （要　不要）
- 橡皮泥 （要　不要）
- 暑假制作的小玩意儿 （要　不要）
- 上学期的课本、笔记 （要　不要）
- 已经不玩的游戏机 （要　不要）
- 收集的卡片、贴纸 （要　不要）
- 看过的漫画 （要　不要）
- 布娃娃 （要　不要）
- 有破洞的袜子 （要　不要）
- 作为纪念品的钥匙扣 （要　不要）
- 枝叶干枯了的花盆 （要　不要）
- 信、贺年卡 （要　不要）

你为什么选择“要”或者“不要”呢，想一想理由。

选择“要”的理由	选择“不要”的理由
例 因为有重要的回忆	例 因为破了

这样想一想

对于要或不要，每个人可能有不同的理由。要以自己的为准哦。

第40—41页的答案

① ② ③

④ ⑤ ⑥ ⑦

步骤

6

进行分类

"整顿"

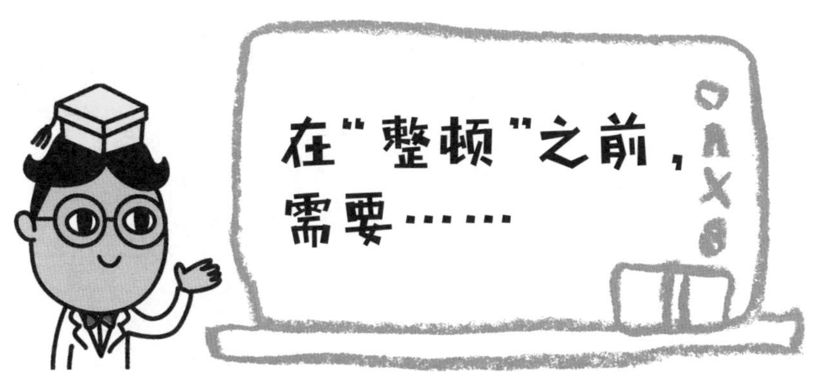

整理结束后，自然而然会只留下必要的物品。

这意味着，从前被不用的物品堆积的场所已经变得空荡荡了。也就是说，可以进行收拾的空间又变多了。

"好啦！只剩下必要的物品了，接下来就该移到空出来的地方啦！"当你这么想的时候……

等一下！在步骤 3 中已经说过，如果不事先决定好要放置的场所，必然又会变乱，这是不必要的物品持续增多的原因。

不必要的物品变多会怎样呢？没错，又得重新收拾了！实际上，如果没决定好要放置的场所，就会一遍又一遍地收拾。

这其中的原理，来详细了解一下吧！

举个例子，在家里大家共用一把剪刀。一般情况下，公用的物品都会放在固定位置。但如果有人用完后随手放在其他位置后就不管了，会怎么样呢？

不用说，其他人使用时肯定要先寻找一番，而最后没有找到，就可能去买新的了。但是，假如买完之后又找到了原来那把……顷刻间，新买的剪刀便成了多余之物。

这样反反复复，不必要的物品就渐渐多起来了。在你的小空间里自然也是同样的道理。结果又得花时间来整理，因此“整顿”很重要。“整顿”是维持“整理”后状态的好方法。

没决定放置的位置，就会……

你把剪刀放
哪儿了？
给别人添麻烦
哎呀？我放在哪
里来着？
找起来费时间
300日元。
没办法……
买新的很浪费钱。
结果也没用了。
啊，两个一模一样。

“整顿”之前，先分类

那么具体该怎样“整顿”，才能将整理后的干净状态维持下去呢？最重要的是别匆匆忙忙就开始。

经过整理，现在应该只剩必要的物品了吧。不过呢，不同物品的用途，既可以很相似，也可以有天壤之别。

简单来说，笔和西装不可能一起放进衣橱里，因为它们的用途不同。但像西装、袜子、内衣这些是可以一起放进衣橱里，而铅笔、红笔、橡皮也都可以放在桌子的抽屉里。

所以，在放置物品之前，要先按照物品的种类及用途分好类。这是“整顿”的第一步。

给桌子里的物品分类

来给第 49 页中你认为不应扔掉的物品分类吧！

应放在桌子里的物品

文具・工具

日常使用的物品

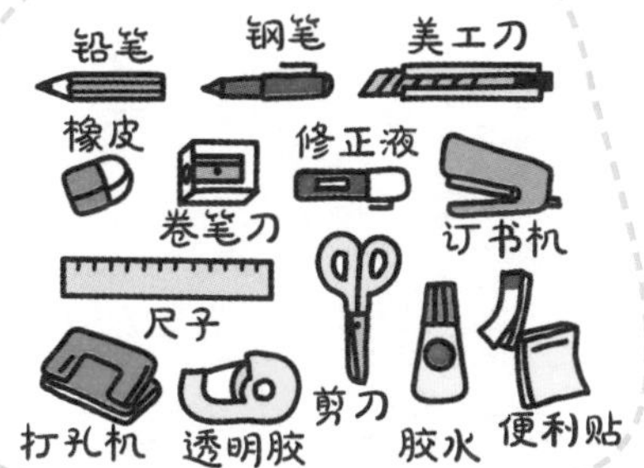

偶尔使用的物品

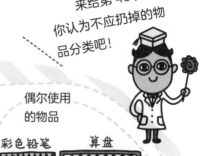

彩色铅笔 算盘 计算器 蜡笔 圆规 量角器 三角尺

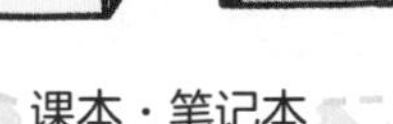

课本・笔记本

笔记・信件・备忘录・照片

不应放桌子里的物品

按类别决定放置的位置，并标注名称

你有没有给衣橱也划分区域呢？比如，自然而然地决定“这儿是放袜子的”“这儿是放西装的”，等等。

如上面所述，事先安排好放在哪儿，至关重要。

“总之，先放这儿了”的想法可不行哦。为了能有放置于此处的强烈意识，以及除此之外不可以放置于他处的自觉性，最好先明确“为什么要放这儿”的理由。

另外，可以在每个抽屉的显眼位置贴上标签，标注好名称，这样就更一目了然了，直到自己能下意识地把某类物品放在同一个位置。这是一个很奏效的办法，强烈推荐。

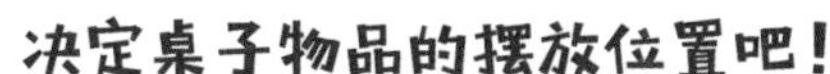

决定桌子物品的摆放位置吧！

笔记分类装订，放进文件夹内。

课本、笔记本按照科目排放整齐。

经常用的铅笔、钢笔放入笔筒里，方便使用。

备忘录记在便签上，事项完成之后扔掉。

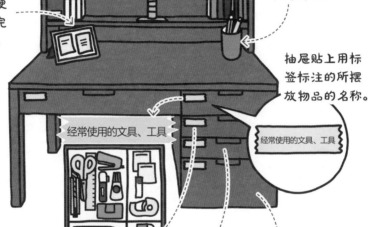

抽屉贴上用标签标注的所摆放物品的名称。

经常使用的文具、工具

经常使用的文具、工具

不经常使用的文具、工具

暂时存放的物品

新笔记本

备用文具

目前用不到的物品

用过的课本和笔记本

笔记放进文件夹。

收到的信件放进文件夹。

照片保存在相册里。

试一试分类！

①给下面的文具分类吧。（把序号填入框内）

答案栏的数字表示不同类别的笔的数目。

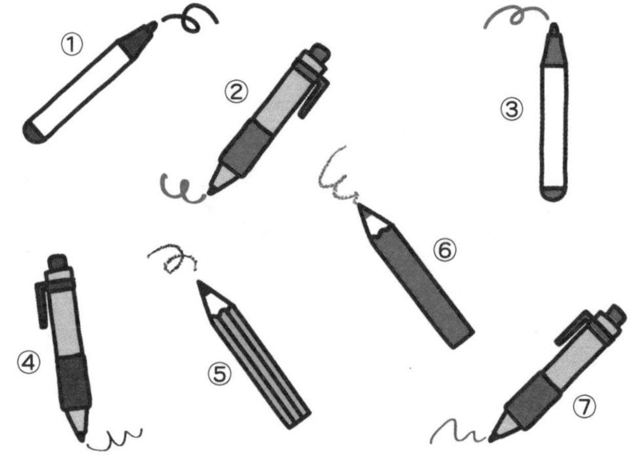

按照（　　　　　）分

3	3	1

按照（　　　　　）分

3	2	2

②给下面的图形分类吧。

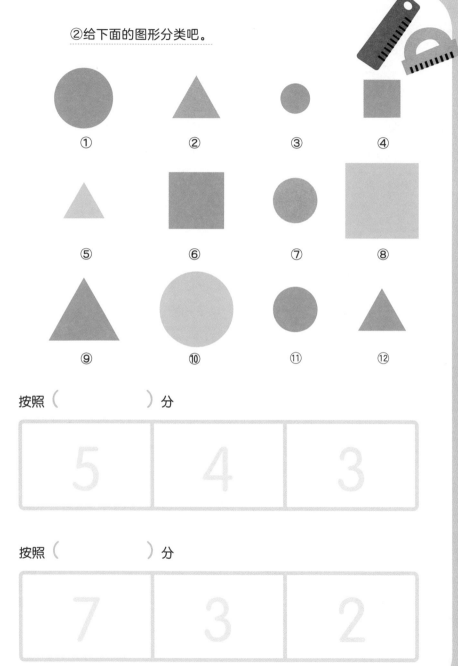

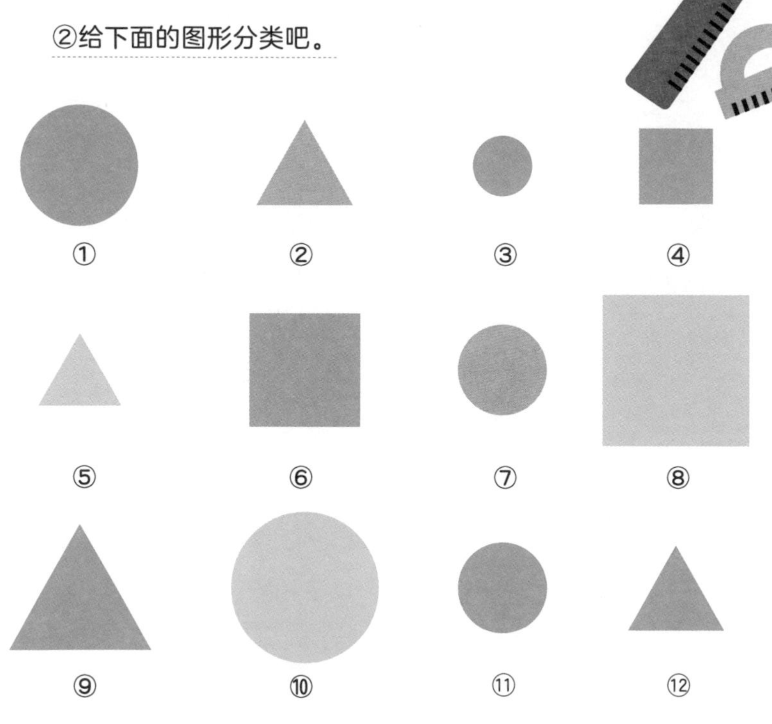

按照（　　　　　　）分

5	4	3

按照（　　　　　　）分

7	3	2

答案见第 75 页

步骤 7

一切从整理书包开始

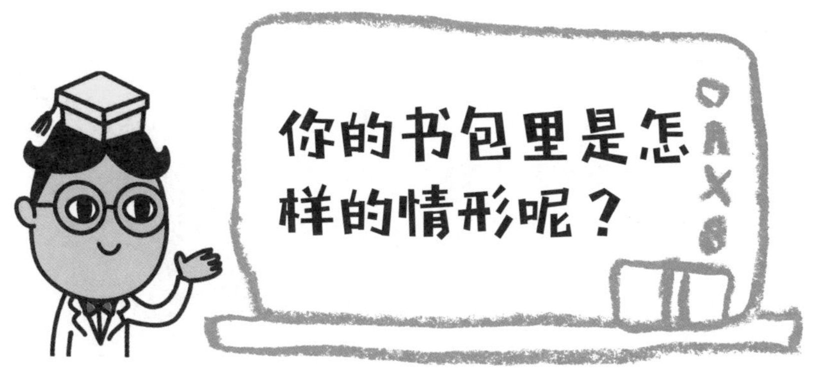

因为对“整理整顿”感到棘手、对房间收拾不好而翻开此书的你，是不是书包里也一团糟呢?

实践在即，推荐大家先从整理书包开始。

如果能每天将书包保持得干净又整齐，就会自然而然升起一股渴望整理的干劲来。不带激情的工作绝不会顺利。看到整洁的物品，从而激发起整理的热情，是非常重要的！

那么，现在就利用起书包，来实践“整理整顿”吧！

①一次性拿出书包里的物品

首先，清出书包里的全部物品。书包里留有物品的话会给整理带来麻烦。

②分成必要的物品和不必要的物品

全部拿出后，是不是一眼就看到了不用的笔记本、短短的铅笔，以及橡皮屑？快将它们扔进垃圾桶吧！

此外，还有学期结束后不用的课本等。发了新课本，旧课本在学校已用不着，就把它们移出书包吧！虽然这看似理所当然，可仍有不少人一直把它们放在里面呢！

③给必要的物品分类

每天都要使用的笔，在课程表中相对较多的科目的课本和笔记本；不经常使用，但也不可丢掉的课本和笔记本……你也可以在同一类别下进行更细致的划分。

④决定好必要的物品的摆放位置

最后一步是决定必要的物品的摆放位置。确保已经分好类的物品能够整齐有序地收纳在某处。然后，将移出书包的物品放回原来的位置，比如抽屉里等。另外，别忘记在抽屉上贴上标签哦。

书包的“整理整顿”

①拿出所有物品

④决定放置的位置

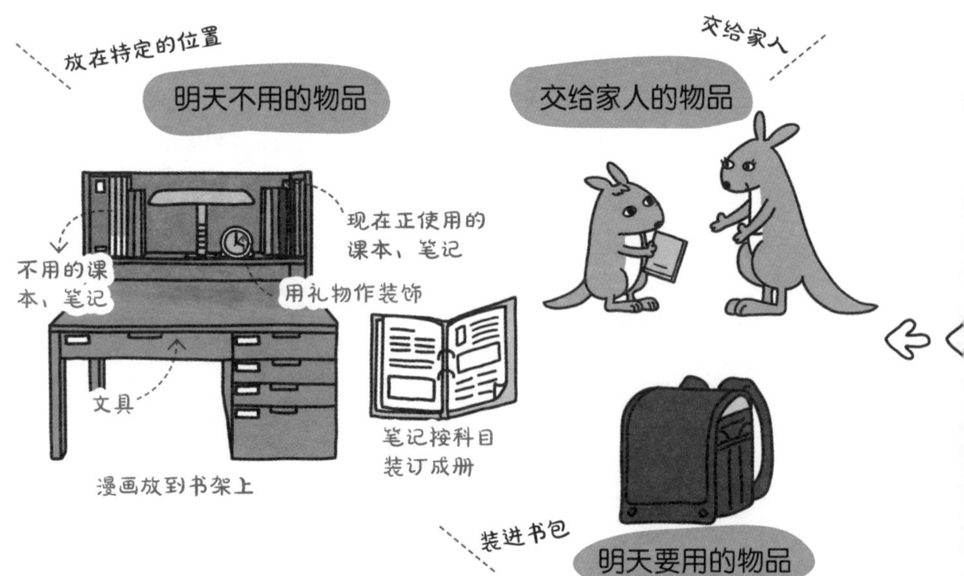

②分成必要的物品和不必要的物品

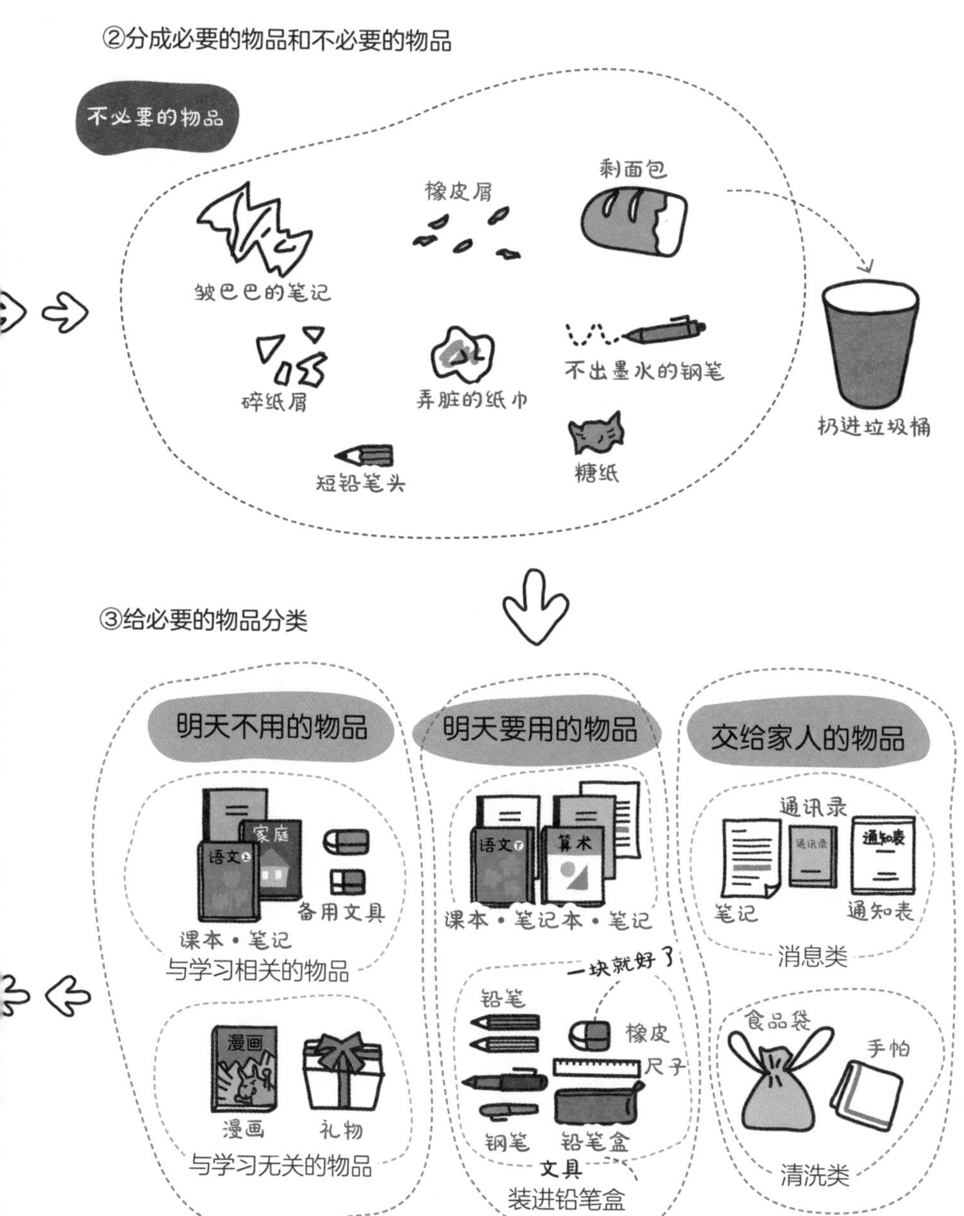
不必要的物品
橡皮屑
剩面包
皱巴巴的笔记
不出墨水的钢笔
碎纸屑
弄脏的纸巾
扔进垃圾桶
短铅笔头
糖纸
③给必要的物品分类
明天不用的物品
明天要用的物品
交给家人的物品
家庭
语文
备用文具
课本・笔记
与学习相关的物品
漫画
漫画
礼物
与学习无关的物品
语文
算术
课本・笔记本・笔记
一块就好了
铅笔
橡皮
尺子
钢笔
铅笔盒
文具
装进铅笔盒
通讯录
通知表
笔记
通知表
消息类
食品袋
手帕
清洗类

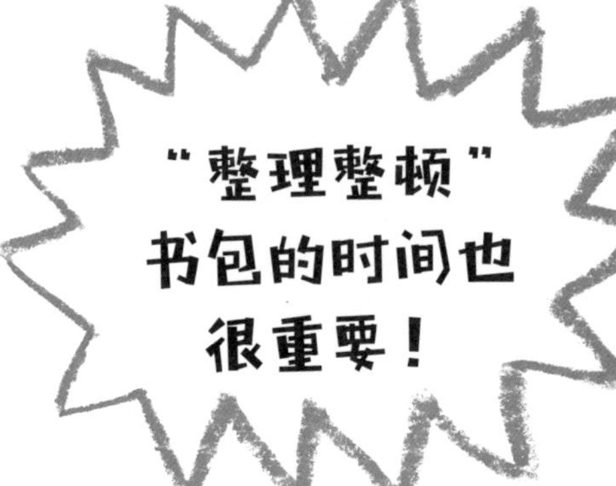

“整理整顿”书包是在为明天的学习做准备。你通常会在什么时间整理书包呢?

有的人可能会选择在第二天起床后整理，但最好前一天就整理好，因为这样你的时间会很充足。

今天用的物品，或许明天就用不上了，所以要从书包里拿出来，放回到桌子上。

然后，一边整理一边回顾今天做过的事。通过为第二天做准备，也整理了思路。

一边进行书包的“整理整顿”，一边回忆今天学到的内容，并准备好明天要用的物品。一切安排妥当后，不仅可以心无旁骛地睡个好觉，也能心平气和地迎接明天的早晨哟。

如果在出门前整理……

哇啊，没时间了……

还有体操服。

问题要点

· 昨天的功课没有复习。
· 容易丢三落四。
· 慌慌张张，对今天的学习没底气。

怪了，课本怎么不见了？

啊，作业没做。

如果昨天就整理……

明天的时间表是……

有这些好处哟！

· 及时复习当天学到的内容。
· 有充分的时间准备，不会忘东忘西。
· 为明天的学习做准备。

上下左右看一看！

①以下的画面分别是从“上、下、左、右”四个角度看到的铅笔、礼物、积木。它们原本都是怎样放置的呢？从 的四个选项中选一个吧！

铅笔

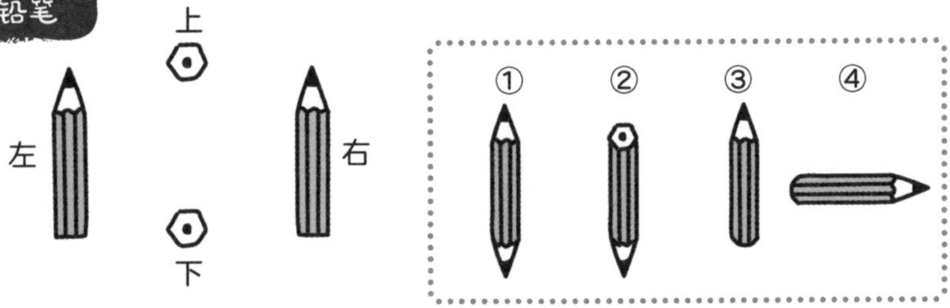

上 下 左 右

① ② ③ ④

礼物

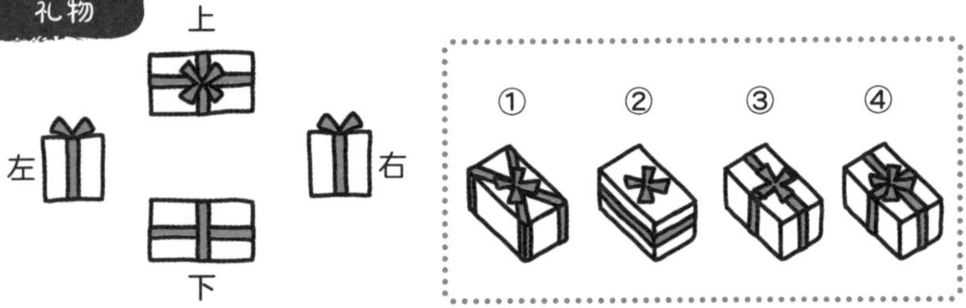

上 下 左 右

① ② ③ ④

积木

上 下 左 右

① ② ③ ④

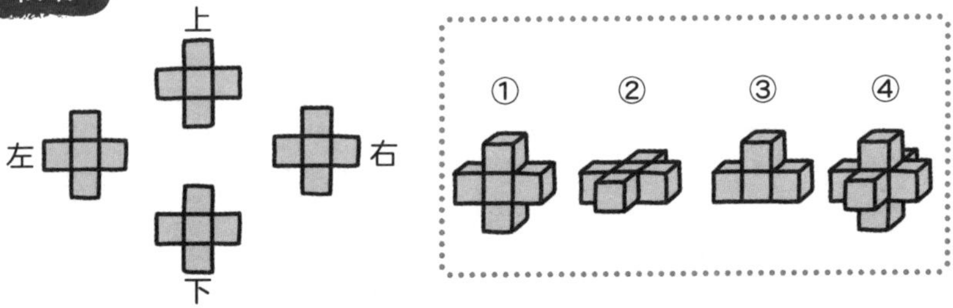

②以下的画面分别是从“左、右、下”三个角度看书包里面。

从上面看是什么样子呢？从五个选项中选三个并填入 中吧！

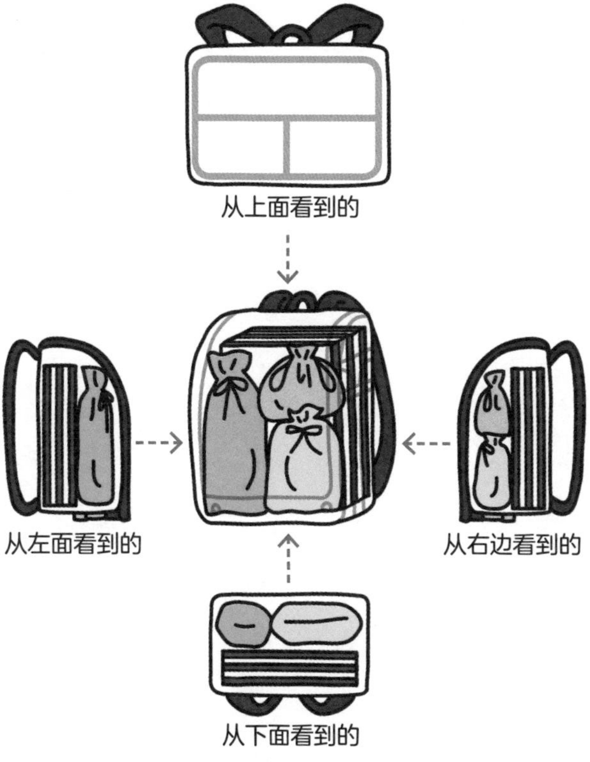

从上面看到的

从左面看到的

从右边看到的

从下面看到的

选项

①

②

③

④

⑤

答案见第 85 页

第 62—63 页的答案

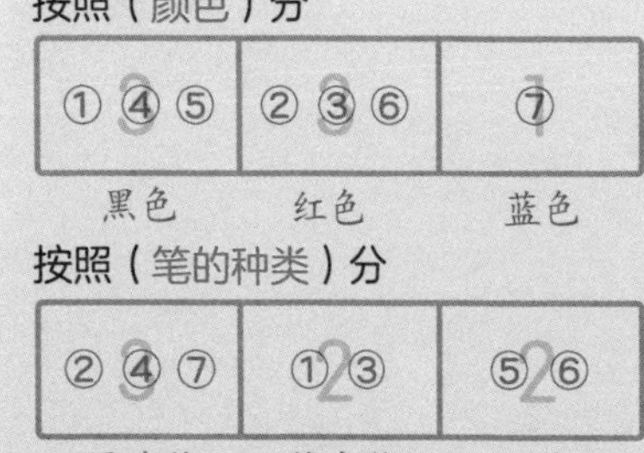

按照（颜色）分

①④⑤	②③⑥	⑦
黑色	红色	蓝色

按照（笔的种类）分

②④⑦	①③	⑤⑥
圆珠笔	签字笔	铅笔

按照（形状）分

①③⑦⑩⑪	②⑤⑨⑫	④⑥⑧
○圆形	△三角形	□正方形

按照（颜色）分

①③④⑥⑨⑪⑫	⑤⑧⑩	②⑦
绿色	黄绿色	橙色

步骤

8

"这儿干净了"使你干劲十足

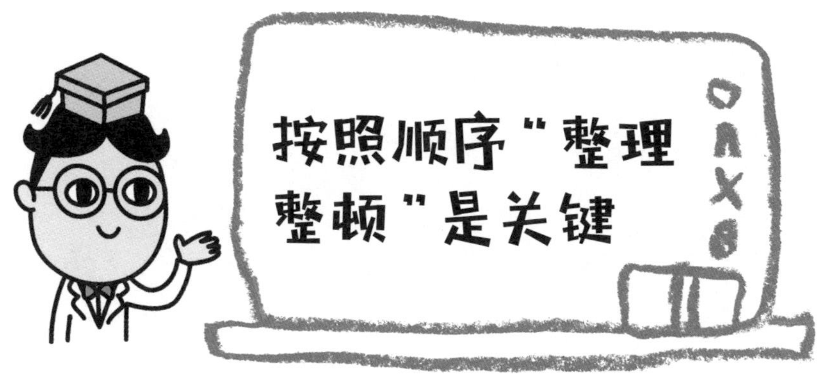

按照顺序"整理整顿"是关键

结束了书包的"整理整顿"，这回该动真格收拾屋子啦！"那就开始吧。"你这么想着，环视了一下屋内，可能会觉得"这下遇上劲敌了"。那么，该从哪儿入手呢……

这时候，认真思考一下整理的步骤，就显得非常重要了。

在整理时，从容纳物品较多的地方开始，是一条铁律。

例如，房间里有壁橱的话，就从壁橱开始。这是因为壁橱里往往堆积着许多长期不用的物品。

首先要果断扔掉没用的物品。这样一来，可放置物品的空间就会扩大哟。

现在，将壁橱里的物品全部拿出来，让里面变得空空的吧！这些物品里，"潜伏"着很难对付的"回忆之物"，这是圈套哦，要防备。

整理之后是"整顿"。壁橱里应放些什么物品呢？不能丢掉又暂时不用的物品，自然而然地，最好放在靠里的位置。

比如，具有代表性的是随季节变化而变换样式的西装之类，可以将它们放进靠里的位置哦。被子每天都用，应放在壁橱里易拿易放的位置。

为了更清楚盒子里放的是什么，可标注上名称，这样找寻物品时就更轻松了！

看到像壁橱这样能收纳很多物品的地方一下子变整洁了，心情也会很好哦！

以壁橱的“整理整顿”为例

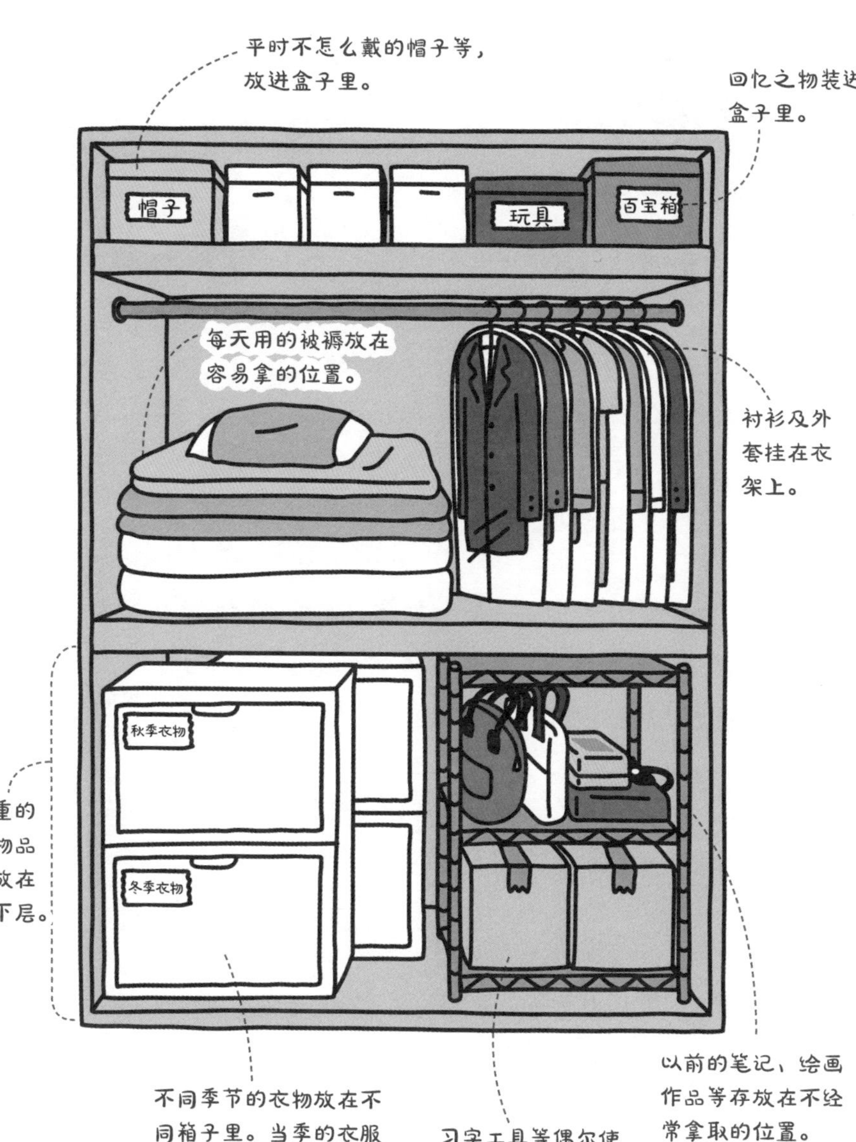
平时不怎么戴的帽子等，
放进盒子里。
回忆之物装进
盒子里。
帽子
玩具
百宝箱
每天用的被褥放在
容易拿的位置。
衬衫及外
套挂在衣
架上。
秋季衣物
冬季衣物
重的
物品
放在
下层。

不同季节的衣物放在不同箱子里。当季的衣服放在前边，暂时不穿的则放到后边。

习字工具等偶尔使用的学校用品叠起来放在一起。

以前的笔记、绘画作品等存放在不经常拿取的位置。

还有，如果你的房间里有书架，这也是要尽早整理的地方。横七竖八堆着物品的书架和摆得整整齐齐的书架，给人的印象可截然不同哦。

另外，在“整顿”完书架后，希望你能以坚决的意志坚持这样一件事：必须将读完的书放回原处。这个练习还是比较容易做的。

“整顿”最基本的一点是将用完的物品立刻放回原处。将这一点训练成习惯吧！

当你感到房间变整洁了，就代表有成果了哦。见到成果，人就越发有干下去的劲头。如此一来，“整理整顿”就渐渐成为愉快的事情了！

以书架的“整理整顿”为例

字典、课本等每天必用的物品，不要放在书架上，放在桌子的搁架上就可以了！

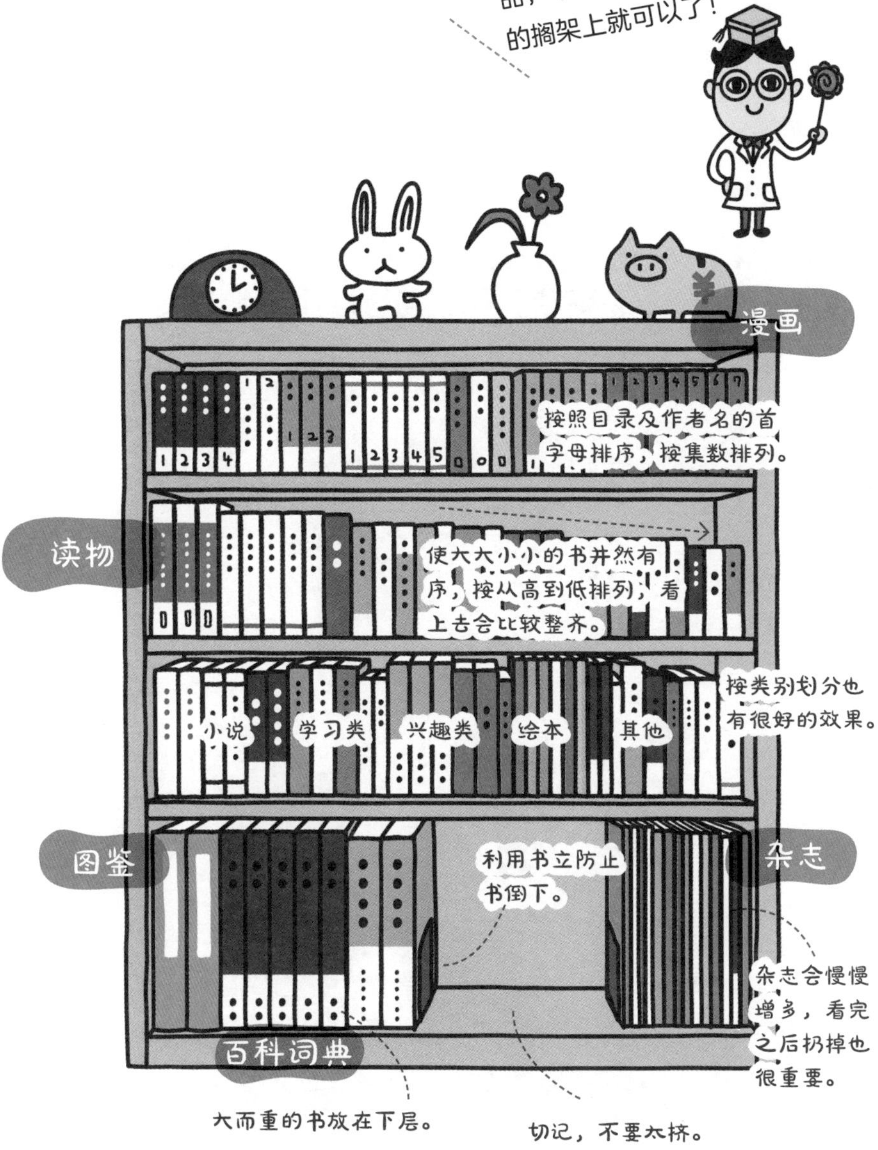

漫画

按照目录及作者名的首字母排序，按集数排列。

读物

使大大小小的书井然有序，按从高到低排列，看上去会比较整齐。

小说 学习类 兴趣类 绘本 其他

按类别划分也有很好的效果。

图鉴

利用书立防止书倒下。

杂志

杂志会慢慢增多，看完之后扔掉也很重要。

百科词典

大而重的书放在下层。

切记，不要太挤。

根据物品大小放在搁架上！

①放置物品时，必须考虑它们的大小。

放哪里最合适呢？

将选项①—⑥的序号填到恰当的空搁架 ▭ 上吧。

② 30cm（高）X25cm（长）X20cm（宽）的书包放入下面①—⑨中哪一格最合适呢?

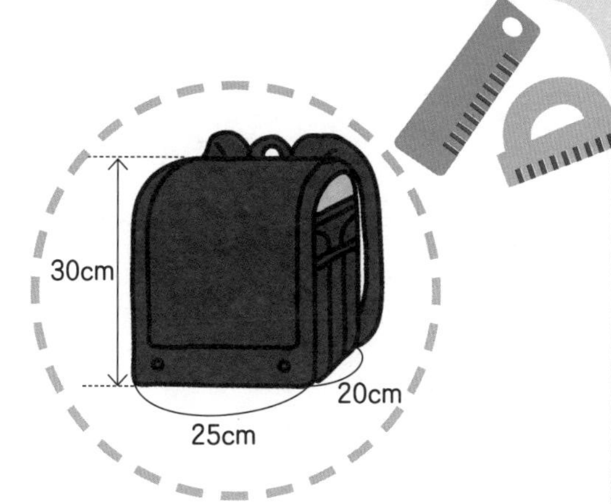

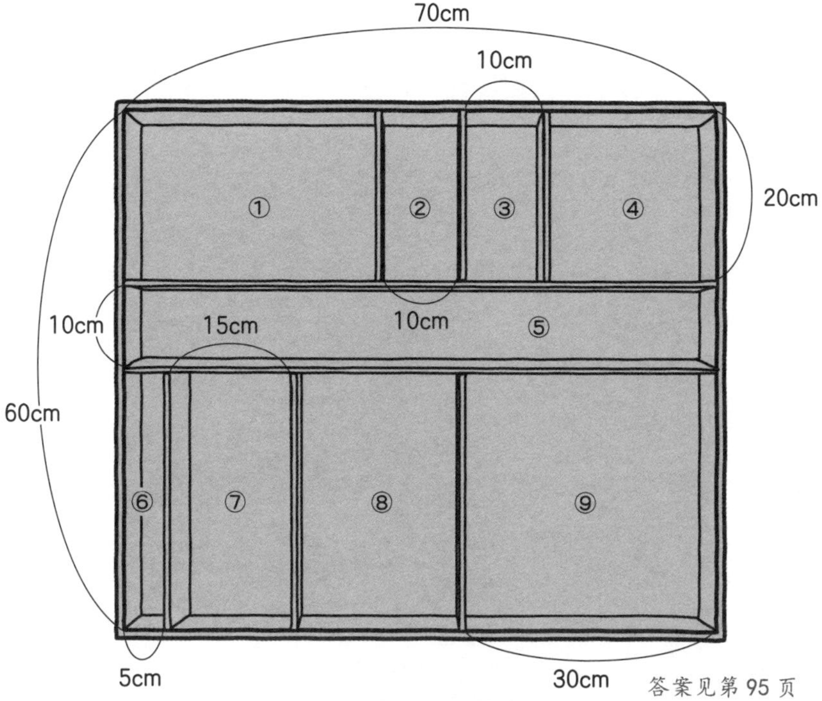

70cm
10cm
① ② ③ ④
20cm
10cm 15cm 10cm ⑤
60cm
⑥ ⑦ ⑧ ⑨
5cm
30cm

答案见第 95 页

第74—75 页的答案

铅笔 ③

礼物 ④

积木 ④

步骤

9

通过"整理整顿"锻炼思维能力

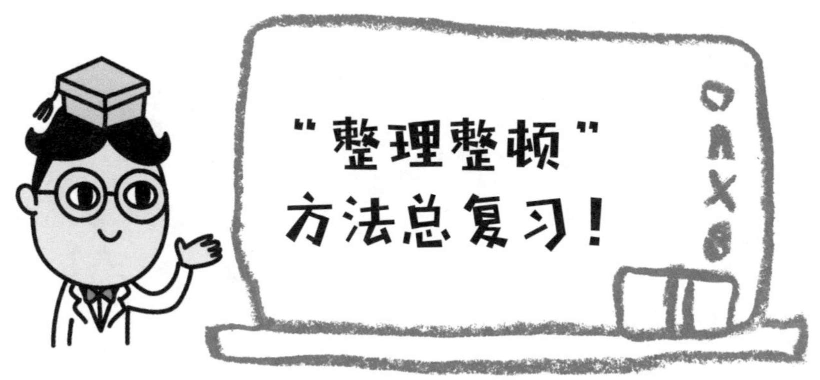

到目前为止，我们已经学习了“整理整顿”的方法。

现在，让我们对相关内容再做个总结：

①分成必要的物品与不必要的物品。

②扔掉不用的物品。

③给必要的物品分类。

④决定放置的位置，进行收纳。

大致流程如①～④。无论是书包的整理、壁橱和书架的收纳，还是房间的收拾，遵循上述基本步骤，就都能有条不紊地进行。

经过总结之后，你心中是不是涌上了自信呢？

“没问题。动手试试看！”这样想也能增强干劲。

还记得吗，我们在步骤1说过，“整理整顿”并不仅限于物品。

为了能变得更熟练，我们进行了分类、丢弃、收纳等工作，而这些其实也有效地锻炼了思维能力。换言之，通过“整理整顿”，能够慢慢获得解决问题的逻辑思维能力。

当然，这种能力也同样适用于学习，甚至在你长大步入社会工作时也发挥着作用。

还有，当你突然碰到糟糕的状况时，如果懂得“首先，要将散乱的信息分成有用的和没用的”，就不会陷入惊慌，从而能在短时间内找到改善这种状况的方法。

思维的“整理整顿”

外出时和妈妈走散，变成迷路的孩子！

问题发生！

怎么办！

①将散乱的信息分成有用的和没用的。

现在已知的

走散的场所
妈妈的手机号码

未知的

现在在什么地方？
妈妈在哪儿？
怎样才能见到妈妈？

②将应做的事分好类，想好先做哪一件。

③开始具体的实际行动。

1. 搜索所在位置。

2. 和妈妈取得联系。

妈妈在哪儿？
在哪儿碰面？

3. 搜索到约定地方的路线。

走哪条路？
花几分钟？

4. 一边和妈妈联系一边去目的地。

那么，“整理整顿”对逻辑思维能力的价值体现在哪里呢?

我想，是能制造更多的自主时间吧。

如果经常进行“整理整顿”，找物品的时间以及“整理整顿”的时间就会大幅度减少。

学习和工作也一样。理清实现目标的步骤，循序渐进，解决问题的时间会一下子变短。如此坚持下去，便能在有限的时间里做更多的事情。这意味着能够制造更多时间，从而积累更多经验，到达更多地方，了解更多新鲜事物。这样一来，生活就更丰富多彩了呢。

“整理整顿”变得熟练后……

对身边物品的“整理整顿”……

找物品的时间变短了。

对思维的“整理整顿”……

更快地完成学习任务。

获得自主时间

有机会去更多地方，体验更多事物。

用来学习自己喜欢的东西。

有更多时间发展兴趣爱好。

顺序迷宫

按照①→②→③的顺序走到终点（路线不可以重复）。

简单路线

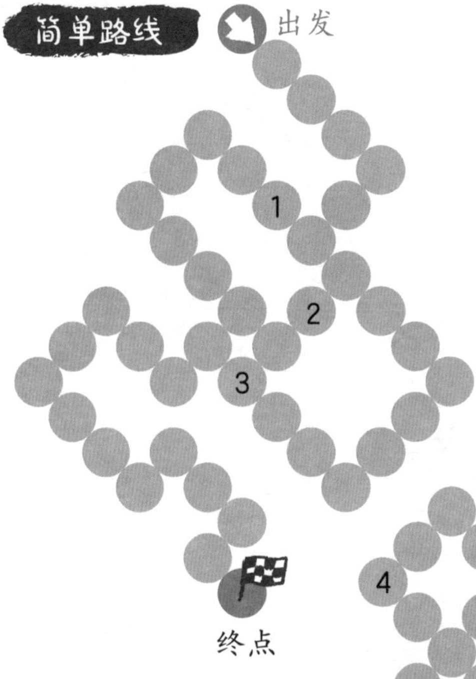

出发

1

2

3

终点

复杂路线

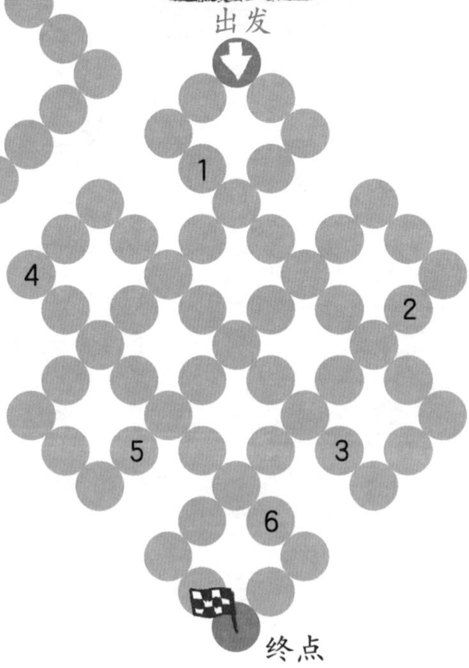

出发

1

4

2

5

3

6

终点

困难路线

出发

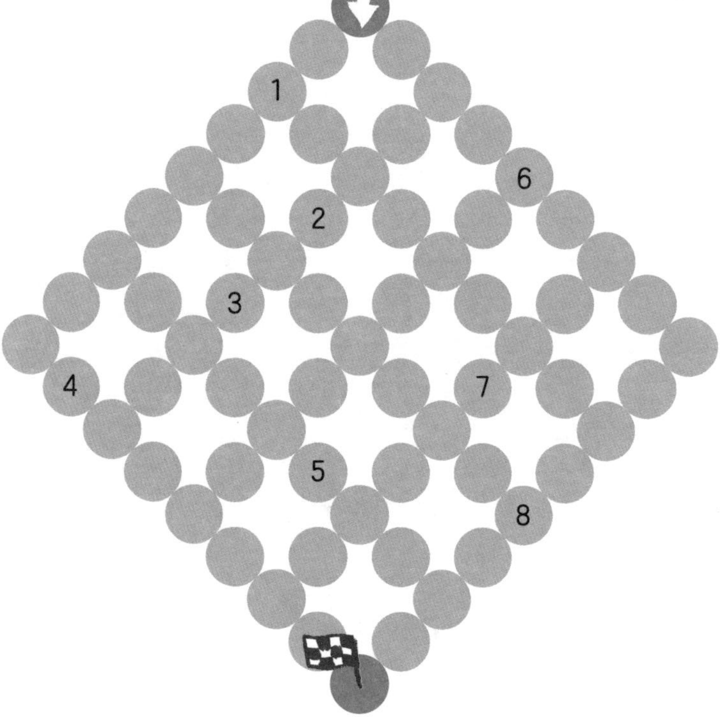

1 2 3 4 5 6 7 8

终点

答案见第 107 页

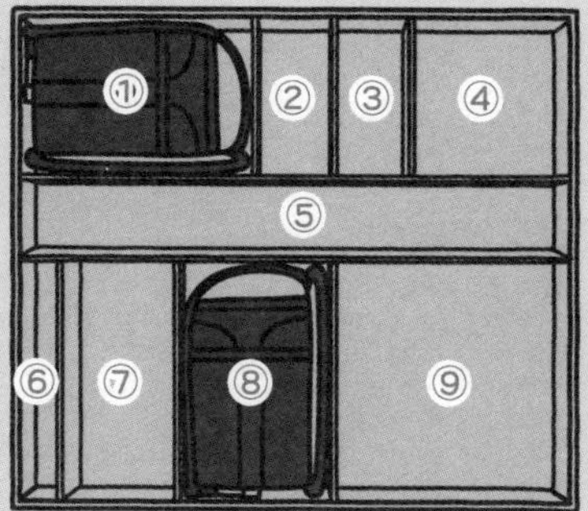

步骤

10

“整理整顿”提高学习能力

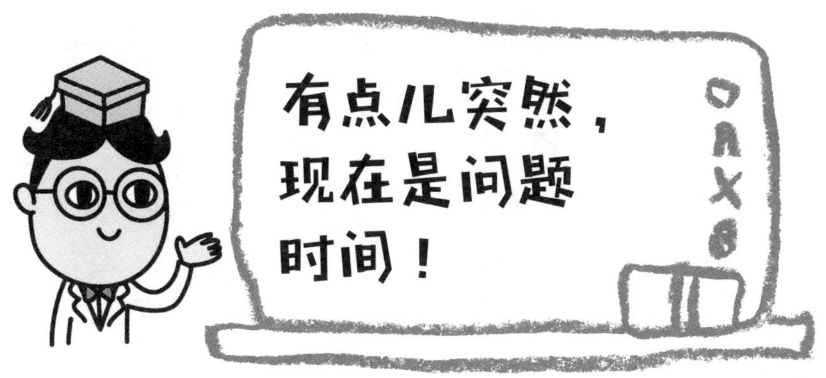

整理一下思维，回答下面的问题吧！

小甲今天白天去吃了拉面，投了一张纸币，这时找回了 4 张纸币、4 枚 A 硬币和 4 枚 B 硬币。拉面的价格有 9 种可能。请你将它们全部写出来吧！

※ 假设 2000 日元的纸币未流通。

※ 假设 A 硬币、B 硬币的面额分别为 1 日元、10 日元、100 日元中的一种。

突然变成提问环节，是不是吓了一跳呢？

可能你会想："做算术题和'整理整顿'根本不相关嘛！"

不，不。实际上两者有很紧密的联系。

例如上一页的算术问题是需要进行思考的描述题，考察的正是你的思维整理能力。这同收拾物品时进行的思考是一样的。

解决此问题的关键，在于首先要使隐藏的信息显现出来。接着，将全部信息分成有用的和没用的。这是开头，之后的流程便是"整理整顿"。

现在，还有疑惑吗？那么，从下页开始一起来解答吧！

（1）投入的纸币面额是多少？

题目中提到投入一张纸币，但并没有写明面额是多少。先将这一隐藏内容变成显现的吧！

因为条件中说明没有 2000 日元的纸币，那么可考虑的有三种：1000 日元、5000 日元和 10000 日元。这其中有一种是不符合条件的：1000 日元纸币即使投进去也不可能找出纸币零钱，所以排除了。

（注：日本银行发行的纸币面额有 1000、2000、5000、10000 日元四种，其中，面额为 2000 日元的纸币在市场上流通的数量较少。）

也就是说，小甲投了一张面额为 5000 日元或 10000 日元的纸币。这便是不可忽略的有用信息。

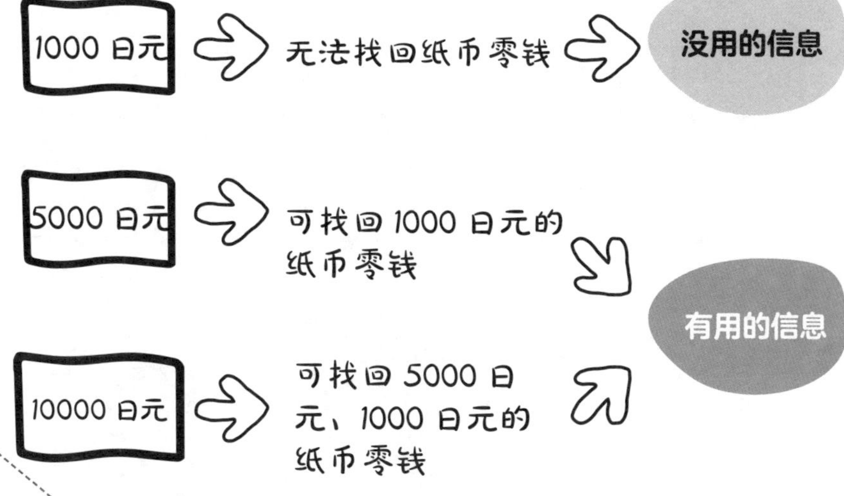

（2）按投入的不同面额纸币来给零钱分类吧。

找到了有用信息，就开始整理吧！

首先，思考一下纸币零钱的情况。

① 投入 5000 日元的时候……
•可以找回四张 1000 日元的纸币零钱。

5000 日元 → 1000 日元 1000 日元 1000 日元 1000 日元

② 投入 10000 日元的时候……
•可以找回四张 1000 日元的纸币零钱。
•可以找回一张 5000 日元和三张 1000 日元的纸币零钱。

找回的四张纸币可分成这三种不同情况。

（3）将 A 硬币、B 硬币的组合情况分类吧！

A 硬币、B 硬币有以下几种组合:

① A 硬币为 100 日元、B 硬币为 10 日元……共 440 日元。

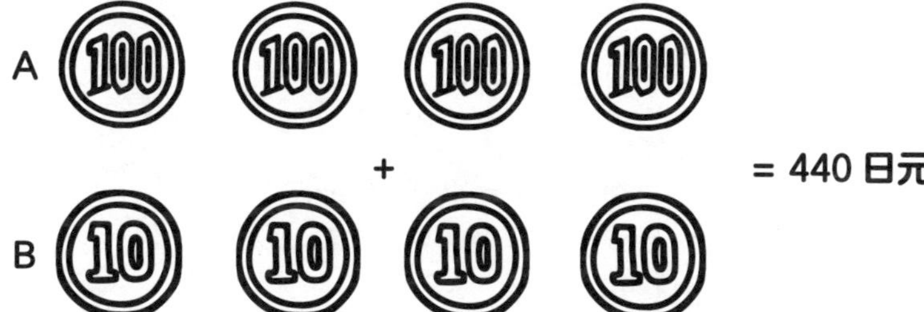

② A 硬币为 100 日元、B 硬币为 1 日元……共 404 日元 。

③ A 硬币为 10 日元、B 硬币为 1 日元……共 44 日元 。

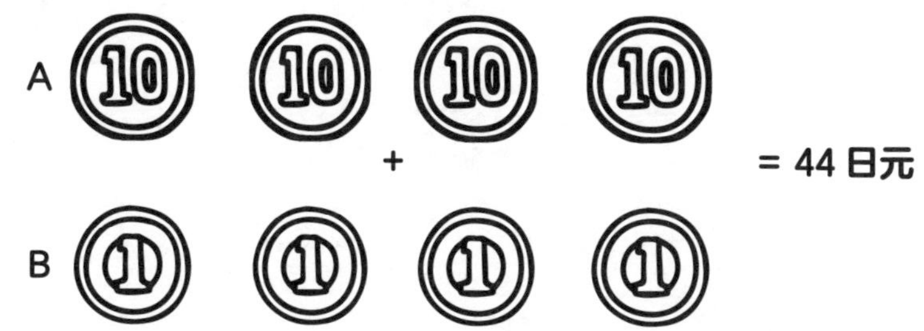

来计算拉面的价格吧！

零钱的金额

拉面的金额

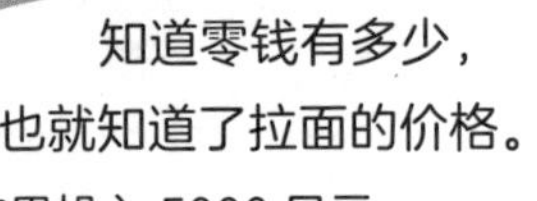

知道零钱有多少，
也就知道了拉面的价格。

①如果投入 5000 日元

4000 + 440 = 4440（日元）
5000−4440 = 560（日元）…①

4000 + 404 = 4404（日元）
5000−4404 = 596（日元）…②

4000 + 44 = 4044（日元）
5000−4044 = 956（日元）…③

②如果投入 10000 日元，
找回四张 1000 日元纸币时

4000 + 440 = 4440（日元）
10000−4440 = 5560（日元）…④

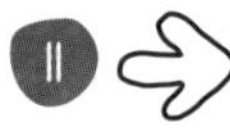

4000 + 404 = 4404（日元）
10000−4404 = 5596（日元）…⑤

4000 + 44 = 4044（日元）
10000−4044 = 5956（日元）…⑥

找回一张 5000 日元和三张 1000 日元纸币时

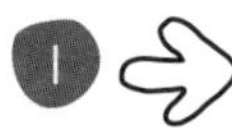

8000 + 440 = 8440（日元）
10000−8440 = 1560（日元）…⑦

8000 + 404 = 8404（日元）
10000−8404 = 1596（日元）…⑧

8000 + 44 = 8044（日元）
10000−8044 = 1956（日元）…⑨

因此，拉面价格有以下 9 种可能：① 560 日元，② 596 日元，③ 956 日元，④ 5560 日元，⑤ 5596 日元，⑥ 5956 日元，⑦ 1560 日元，⑧ 1596 日元，⑨ 1956 日元。

怎么样，解决这个问题的过程和你整理物品时的感觉是不是很像？

这仅仅是一个例子。不过，这样有条理地来思考，可以解决很多问题呢！

利用“整理整顿”的思考方式，不断解决各种问题，学习也一定会成为一种乐趣，成绩也会提高。

“整理整顿”进行到现在，你感觉如何呢？是不是原本“收拾太麻烦了”的抗拒心情已经变成“看来并非那样难对付”的轻松心情呢？

当你以后再次出现“好麻烦”的感觉时，不妨回头看看步骤 7 中“书包的‘整理整顿’”的内容。相信你一定能想起彼时的心情！

向着终点出发！

从 1 开始，按照 2 → 3 → 4 → 5……的顺序在方格里前进，一直到达终点！不可以走对角线哦！

简单路线

出发 →

1		5	
		16 终点	
	14		
			9

困难路线

			16	
10				
				25 终点
			21	
出发 → 1	4			

答案见第 110 页

第 94—95 页的答案

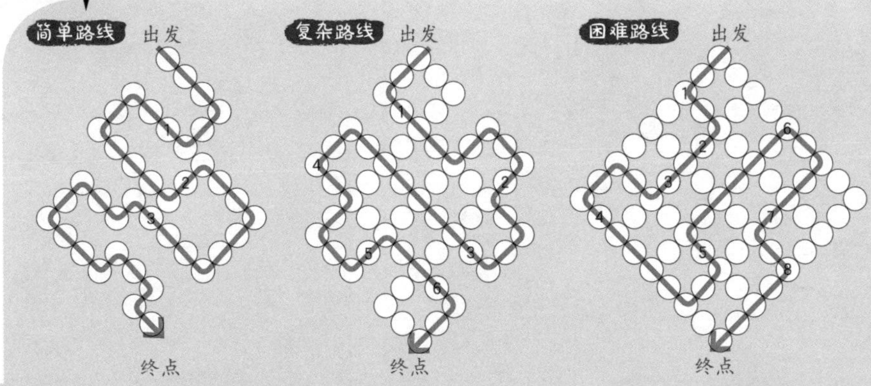

结语

大家一起来整理！

课间休息的时候进行整理……

袋鼠同学，你最近好像变了呀！
哎？

还真是，桌子上总是干干净净的，成绩也提高了。
啊，没有啦……
好厉害呀，袋鼠同学！

别夸我了！怪不好意思的！
啊
嗵
咚

哐当
倒下
!

没关系。
对、对不起，河马同学。
咔嗒

咦？河马同学的桌子里有好多物品，而且有很多是不必要的……
乱糟糟

河马同学，你是不是应该把桌子收拾得更整洁一些呀？

嘿嘿
不好意思，不好意思，我不太会收拾。

真是的，没办法啦，那就……

OK!
大家一起来帮助河马同学“整理整顿”吧！
终

第106—107页的答案

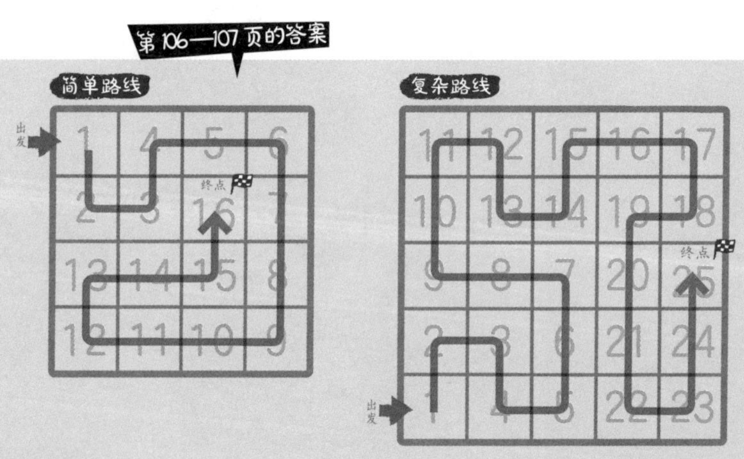

后记

非常感谢大家能读到最后！假如能够对大家以后的“整理整顿”起到哪怕一点儿作用，我们都会感到很高兴哟。

当养成了“整理整顿”的习惯，每天看到物品摆放整齐的样子，会感到轻松又愉快。

此外，找物品的时间以及整理的次数变少了，时间利用就会变得更有效率，就可以做其他的事情了。这非常棒哦！

话虽如此，即便你很会整理，也只能说有了一技之长，并不代表什么都会。

希望你能注意这一点：我们往往会在无意中要求别人也做我们所能办到的事。这不仅指“整理整顿”，其他事情也一样。

虽然你学会了整理，但这并不值得过分骄傲。当然，即使做得不够好，也不代表你一无是处。

总而言之，大家都是一边互相完善着自身一边生活的。

例如，你的学校里有这样的情况吧：A 同学和 B 同学都不会收拾，但不知为什么，大家对他们提出建议时，语气却略有不同。

对 A 同学提出建议时语气严厉：

“A 同学，好好收拾！你总是弄得又脏又乱！”

而对于 B 同学，却是：

“B 同学，一起收拾一下吧！这个我来扔掉。”

说不定背后有什么原因，才造成这样的情况呢。有可能 A 同学对自己拿手的事情，总是用严厉的语气去要求别人照做，而对自己不拿手的，却一点儿都不积极努力地去改善。

B 同学则会在自己拿手的事情上帮助他人，在大家的印象中，他是一个尽最大努力去完善和进步的人，就像手中拿着这本书的你一样。

虽然不同的人可能有不同的看法，一个人却绝不可能将每件事都做得完美。所以，最后还要说一点，对身边那些具有自己所不具备的长处的人，要保持尊敬的态度，和他们一起进步。

希望你能通过“整理整顿”重新审视自己，并和家人、朋友建立起良好的关系。我们为你加油哦！

给家长的话

花丸学习会 相泽树

"整理整顿"这件事重要吗

作为学习会的授课老师，我经常与各位家长一起交流。既然是一所教学机构，自然也会谈论到孩子的升学、成绩，以及学习方法等与学习相关的问题。

但实际上，比起这个，我更希望作为监护人的家长们能注意到这一点，即孩子平时的生活习惯。

本书详谈了"整理整顿"这个话题。个人感觉，继同系列的《时间力》之后，这一话题的谈论热度也是很高的。

我在现场也能体会到，许多家长以及孩子因为想要提高"整理整顿"的能力而烦恼急切的心情。

然而，孩子们往往没能抓住进行整理的契机，总是受大人呵斥，从而失去斗志和干劲。

又或者，勉勉强强总算开始收拾了，却也只能临时性"整顿"一下，没过多久又开始乱了。这实际上并没有治本，最终陷入无果的循环之中。

本书采用对孩子来说简单易懂的插图、个例以及问题设置等形式，使他们首先在头脑中对整理有大体的印象，再分阶段对其进行引导，进而进行实践。

在本书的步骤 1，我们总结了为什么"整理整顿"很重要。如果不先明确“为什么必须整理”这个最基本问题的一般性答案，也就无法能动地投入行动中。

第一，是由于没进行整理而引发的，想“通过减少找物品所用的时间，增加可自由支配的时间”。据调查，每人每天平均花 10 分钟左右来找物品。如果没进行整理，那么找物品的时间就会增加到 15 分钟，甚至 20 分钟，造成时间的大量浪费。这种巨大的差别，相信大家都能切身感受。

第二，是由于没整理而引起的“信用的受损”。例如，因为没有整理，把从朋友那里借来的物品弄丢或弄坏了。虽说绝非出于恶意，但结果却给自己的信用抹了黑。

第三，是关于一个事实，即“整理整顿”的能力和有条理的逻辑思维能力之间有着密不可分的联系，这在后面会有详细解说。也就是说，通过“整理整顿”，我们能逐渐掌握和提高思维能力，这也是本书想传达的。

无论如何，首先应该使孩子意识到“整理整顿”的意义，并且让他们有心理准备，明白“整理整顿”绝不是什么天大的难事。

向会整理的朋友学习

在步骤 2，我们提供了这样一个视点：观察擅长整理的朋友，对比一下自身同他们的区别。

常言道“学习即模仿”，以做事熟练的人为模仿、学习的对象，不知不觉间自己也能学会。这种情况很常见。当你积极去努力的时候效果最明显。

整理亦是如此。从那些擅长整理的人身上，我们可以学到很多东西。

因此，在步骤 2，我们先将擅长整理的孩子分成几种类型，从了解他们的想法入手。

①原本爱干净类型

如标题所言，孩子爱干净，但实际原因并不在于喜欢或讨厌，而是对他们而言，整理已经无意间成为一种习惯。

此类型的孩子可能多半在家里也经常被教育要保持整洁，这已成为他们自然而然的生活习惯。

②怕二次麻烦类型

这种想法非常合理。在心智逐步成熟并迈向成年的过程中，很多孩子会有意识地避免“二次麻烦”。

二次麻烦所造成的时间、精力的耗费成为他们进行整理的动机，这些孩子在精神上离成年已相当近了。

③展现时尚类型

在整理的动机中，最多的恐怕是怀着“我想变成这样”的憧憬和理想，并且为了实现该目标而付诸行动。我个人认为，这样的想法未尝不可。

但是，在上述所有类型中，有一点是共通的，即能熟练地进行整理，实际上是指能做到将整理后的状态一直保持下去。

因此，要想熟练地进行整理，意味着在看到物品变乱之际，就将它们整理回原来的良好状态，这一点是必不可少的。

那些不会整理的孩子，**如果能发现自己的想法更契合哪一类，也就等于发现了自身进行整理的动机（干劲）。**

通过亲自确认这种动机，使得整理的理由了然于心，这是一个根本点。

抓住了根本点，就会在整理进行得不那么顺利时也能回望初心，有动力继续下去。

动机，可以看作是将整理化为习惯之前的“营养”。

步骤3 为什么没能进行整理

正所谓“知己知彼，百战不殆”。在步骤 2，我们分析了那些擅长整理的孩子，并将他们分成三种类型。

在步骤 3，我们主要着眼于那些阻碍自己去整理的特性。

不要含混而笼统地去整理。知道自己的弱点之后再分步骤考虑，才能自然而然地找到着力的关键点。

这和步骤 2 类似，通过分类，能更容易找出没能进行整理的原因。

①“不用的物品丢不了”类型

导致不能熟练地进行整理的最大原因，是不用的物品过多，这一点我想是毫无异议的。关于无法丢弃的原因在后面的步骤 4 也有说明。如果不能果断丢掉不用的物品，转眼之间有限的收纳空间就会被占满。

另外，有一些孩子习惯买些多余的物品或接收一些别人不用的物品，这样很容易就会使物品变多，这些孩子也属于这一类型。

②“用后放置不管”类型

这类孩子的根本问题在于总将这一行为解释为为了方便。他们会想，“反正以后还用得着，放在容易拿到的位置更方便”。

但真相恐怕是，“他们知道收拾很麻烦，是自己的弱点，只想蒙混过去而已”。

不仅仅针对整理，“当天的事情当天做”的习惯也应尽早养成。

有时候，有家长问我：“我该怎么办才好？”实际上这件事是无法急于求成的。只是，**当孩子做不到的时候，与其责备他们，不如在他们有所成就的时候去认可、鼓励他们，这才是正确而有效的解决之道。**

③“放置位置未决定”类型

还有一类孩子会把物品临时堆在某个“合适”的地方，慢慢地，可收纳的空间就被占满了，物品经常被放得到处都是。

正文第 29 页展示的图例，我认为还是相当直观易懂的。知道自己陷入这种不良循环，就可以很好地预防由于随便放置而导致的散乱状态。

比起当场训斥，先弄清楚您的孩子为什么对整理感到苦恼，然后引导他们也去发现其中的原因，这是一条能让他们掌握整理方法的更便捷的途径。

根除“扔不了”的毛病

在步骤 3，我们提到，没进行整理的原因是不必要的物品只增多不减少。

也许是个人性格原因，就我个人而言，在判断物品是否该扔掉时也常常感到为难。

为什么我们会对扔掉物品产生抵触心理呢？或许，大人和孩子的理由都差不多。

①因为承载着的回忆

可能比起大人，孩子对于物品的喜爱和执着程度更深。

另外，孩子在家里自然而然也学到必须爱惜物品的道理。

例如，懂事后收到的生日礼物——西装。自己肯定不会再穿了，但一拿在手上，回忆就鲜活地呈现，喜爱之情至今未变，想着有一天也把它作为礼物送给自己的孩子……孩子意外地想得很长远呢。

这是一方面。然而，在培养孩子丰富的情感和创造力上，这一点却不可或缺。

现在假定，在大扫除的时候，送出这件礼物的人单方面判定“穿不了了”而把它扔了。

如果被孩子知道了，他们可能会一时失落，但另一方面，在更多情况下，他们难道不是因为未发觉物品已被扔掉而忘了有这件衣服吗？

“将这个珍藏一生吧！”

肯定会有物品让我们如此爱惜。这些本应被小心保管，但如果连曾将它们收起来的事情都忘了，恐怕它们也并非那样重要吧。在不知什么时候偶然看见之前，它们不过躺在箱子的最里边“睡觉”而已。

我认为，**对于已经完成使命的物品，在心怀感恩时适时放手，未尝不是一种珍惜的体现。**

②理由是说不定以后还用得着

正是这一点让人烦恼而无从选择。即使还有一丝使用的可能，孩子一般也不会把它们扔掉。另外，有些慎重的大人也会放低标准而留下它们。

不过，对擅长整理的人而言，当他们发现物品使用的可能性低于百分之五十的时候，往往会选择“毫不犹豫地扔掉”。有些实在不知该扔还是该留的，就先放进箱子里吧，日后再决定也不迟。

由于整理的时候要扔掉很多物品，面对那些“说不定以后还用得着的”物品，孩子们往往难以割舍。哪天再重新考虑，没准一下子就把它们扔掉了。

所以，改天重新打开这个箱子，将那些不再使用的物品扔掉吧！

行动起来！开始整理吧

在步骤 5 中，我们首先了解了“整理整顿”的内涵。

“整理”是指将零乱的物品摆放整齐，并扔掉不用的。“整顿”则是指按某种规则将物品正确放置。

也就是，整理为“摆开”→“分类”→“丢弃”，“整顿”为“进行放置”。

所以，我们常说的顺序是“整理→整顿”。

现在，解说一下“整理整顿”的具体方法。首先，将注意力放在“整理”上吧。

在开始整理之前，建议先将整理的目标场所缩小，并预留出足够的时间。当然，这也依具体的散乱程度及最终想要的效果而定。

没有比整理物品时的状态更乱的了。因此，为了避免因一次整理的地方过大而导致物品收集不充分，或因为时间不够而收拾到一半的情况，最好每次划分清楚要整理的场所，预留出对应的时间，一次性完成。

关于整理的步骤，在本书已经介绍了。首先，一次性将要整理的地方的物品全部清理出来。这是最基本的整理步骤。

接着，进行大的分类。**区分必要的和不必要的物品。**

但是，在养成习惯之前，可能会在判断不必要的物品（即要丢弃的物品）时有所抵触。如在步骤 4 所说的，每个人无法扔掉物品的理由各不相同。

不过，如果对这些理由深入思考的话，说不定就会成为一个契机，使你能想清楚某样物品究竟该扔还是该留。

扔或是不扔，其实并没有一个明确的标准。对于本人来说，什么是重要的，还会不会使用，才是决定性的。

第 50—51 页的思考题中，为大家准备了要思考的问题——“要？不要？”

这里的重点是，您选择“要”或者“不要”的理由是什么。

请和您的孩子讨论一下这个理由吧！

亲子之间的交谈会加深孩子思考问题的深度，并促进其成长。

一开始判断“要”或“不要”可能会花些时间，但慢慢地，速度就会变快。然后，如果经常整理，物品的总数就会减少很多。

在整理的过程中，可能为数不少的孩子都会发现，原来自己不用的物品竟然那么多！在步骤 5 中，为了说明整理的流程，我们特意将重点放在物品的丢弃上。然而，**通过整理，我们希望大家学到的更重要的道理是：不是将物品减少，而是不要让不必要的物品增多。**

步骤 6 进行分类“整顿”

整理之后是“整顿”。在步骤 6，我们进一步了解了“整顿”的重要性。

即使一眼看上去简洁美观，但如果只是将物品暂时收起，使用却不方便的话，过后还得重新整理。

换言之，决定将物品放置在哪儿，并保持位置固定，是非常重要的。

特别是家人共用的或教室里同学们一起使用的物品，如果不按固定的位置放置，而是随手一放，下次别人使用时就很难找到。

因为这样会给他人带来麻烦，所以我们有必要养成物归原处的好习惯。

此外，如果没放在正确位置，自己找起来也很花时间，要是最后还没找到的话……如果是必需品，就不得不考虑重新购入的问题了。

假如买了新的之后又找到了原来的，那么不仅造成浪费，物品会变多，还得找地方放它们。

不擅长“整顿”就容易陷入这个循环。这样一来，又得从整理开始。而下次的整理，因为增加了许多可用的物品，不能简单扔掉，在判断上又得花很多时间。

物品在使用后放回原来的位置。虽说这是理所应当的，但如果不由分说就对孩子下命令，他们也可能会顶嘴吧。这样更不容易养成习惯。

“被说了才去做”，这样的情况其实并没有激发他们的内在主动性，反而造成“不被说就不去做”的局面。

“关于‘整理整顿’，在书中，是怎么讲的来着？”以这样间接询问的方式促使他们有所思考，效果最好。

在步骤 6，我们推荐先给物品分类，不要急着去进行“整顿”。

在分类过程中，必然需要逻辑思维。

即使孩子进行分类的逻辑与各位家长所期望的不同，也还是建议让他发挥主动性独立完成。

自己所做的决定在头脑里印象更深。将已分类的物品分别放在合适的位置，更容易留下印象。

为了将什么地方放什么物品在视觉上体现出来，可以用胶带做好标签。这个方法是行之有效的。我想，以这样的方式，更容易将“整顿”变成自身的习惯。

一切从整理书包开始

最容易使孩子们看到“整理整顿”成果的，我想应该是日常使用的物品了。

在这里，我们以书包为例，建议从书包的整理做起。对象虽小，大体的步骤却基本相同。从这一点可以知道书包的整理对抓住“整理整顿”的关键点很有效。

另外，作为学习会的指导人员，我发现，那些把书包收拾得整整齐齐的孩子，和那些把不用的课本也放进书包的孩子相比，在学习效果上，还是前者更显著些。这可能是因为，尽早把需要的物品拿出来，做好准备，能尽量避免漏听重要的内容。

作为“整理整顿”的第一步，真切希望孩子们明确这个任务：保持书包的时刻整洁。

接下来复习一遍书包的“整理整顿”的过程。

①一次性拿出书包里的物品

明确“整理整顿”的对象，这是首要的。

②分成必要的物品和不必要的物品

不整理书包，里面就会堆积很多物品。例如铅笔头、橡皮屑、皱巴巴的旧笔记、不用的课本等。先彻底地把不用的物品清理出书包吧！让里面那些“总之先放进去”的物品基本消失。

③给必要的物品分类

按日常使用频率分类是个好方法。如相对而言使用次数多的课本和笔记本，虽不经常使用但也不可弄丢的书本，等等。通过在同一种类下进行更细致的划分，提高“整顿”的精确度。

④决定必要的物品的放置位置

将分好类的物品进行放置。事先决定哪一类物品放在桌子的哪个地方。记得使用之后要放回原位。

经常会有一些孩子认为，如果全装进去就不会忘记带了。但有趣的是，比起那些书包里较空的同学，他们忘带东西的次数却更多。

原因可能是，早晨起来再进行上学前的准备的话，时间就没那么充分了，于是只能决定：暂时都放进去。

果然，还是要在前一天就做好准备。这样既能养成“整理整顿”的习惯，也能一边进行“整理整顿”，一边回顾在学校学到的内容，从而想到第二天所需的物品。

留出充裕的时间“整顿”书包，不仅能为第二天的学习做好准备，还能使头脑更清晰。请告诉您的孩子：务必将它变成每天的习惯。

“这儿干净了”使你干劲十足

进入高年级，更多的孩子决心要自己“整理整顿”。

他们都盼望着把房间收拾成一个舒适快乐的小天地。

进入青春期，他们便想拥有更多的私人空间，于是，房间氛围的营造也变得重要起来。

再者，他们开始希望房间具有憧憬中的“大人般的感觉”了。比如，原来喜欢蓝色或粉色等明亮色调的东西，现在则渐渐统一成朴素的木纹色及深色系。

孩子主动改变房间的样子，可以看作是养成“整理整顿”习惯的好时机。

为了更进一步激发他们的热情，在步骤 8，我们对空间较大的收纳场所的整理顺序进行了说明。

如果知道**“整理整顿”的铁律是“（空间）先大后小”**，在某种程度上便能缩小目标范围，不至于无从下手。

在步骤 8 中，我们以壁橱和书架作为例子。最近，有许多家庭也使用起西式衣柜。在这种情况下，将壁橱换成西式衣柜即可。

开始收拾壁橱或西式衣柜时，须注意一点，便是“回忆之物”的数量。

虽说令人伤感的物件并非不好，但也要防止犹豫了半天最终还是舍不得扔掉的情况。

然后，记得“整顿”的目的在于实用。必要的东西如果放在靠里面的位置，每次使用的时候，就得一个一个先拿出其他东西。为避免这种情况，事先想象一下使用时的场景再放置或许更为妥当。

对书架的“整理整顿”，需要有强大的意志力，否则很容易被漫画、影集等诱惑。不是不能看，关键是要适当。可以告诫自己，“今天之内一定将书架‘整顿’完毕”。

另外，我们在步骤 7 学过，要养成物归原处的习惯。例如在“整顿”书架时，根据书的大小、类别决定放在哪里，以及按照书名、作者名、第几册等排好顺序。这样，再次放回的时候就一目了然，有助于“书归原位”。

当拉开壁橱的隔扇，或是打开西式衣柜的门，看到一切井然有序的样子，人就会感觉心情舒畅。此外，像书架等经常会看到的地方，将其整顿好，自然而然就能产生“整理干净吧”的劲头。

如果对“整理整顿”感兴趣，那么尽早开启对较大空间的实践是再好不过的。

通过"整理整顿"锻炼思维能力

我认为，**划分"整理整顿"的步骤和思路整理的方法几乎是一致的。**

即可以认为，通过"整理整顿"，自然而然地也能学会逻辑思维能力。

事实上，"整理整顿"的过程与思考的过程有如下对应关系：

①分成必要的物品与不必要的物品 = 明确须解决的问题

②扔掉不用的物品 = 进一步锁定思考对象

③给必要的物品分类 = 整理信息

④决定放置位置，进行收纳 = 解决问题

看到什么就解决什么，笼统、胡乱地对待问题的方式，与看清解决该问题的路线（行程）之后，再选定起始点，逐步解决的方式相比，所花费的时间以及最终的结果，有很大的不同。

此外，"整顿"物品的时候，与整顿相关的另一项必备能力是空间认知的能力。

观察那些擅长整理的孩子，会看到他们像变魔术似的，总能把东西集中在有限的空间里。

从体积大的到体积小的，从形状固定的到形状不固定的，他们不仅将空间的利用、物品的衔接做得刚刚好，而且将使用时的便利性也考虑在内了。

可以看到，他们从多角度对空间进行考虑，并凭借敏锐的判断力和快速的处理能力，一步步将距离相近的位置也安排好："这儿放这个，再将这个放旁边……"

转眼间，就如施了魔法般干净利落地"收纳完了"。所以，我们并非简单地得出结论，说"如此一来学习也不再成问题"，而是要注重能在类似场合进行自由思考，这种思考本身才是价值所在。

那么，"整理整顿"和锻炼逻辑思维能力的意义究竟是什么呢？

本书所给的答案是：能够产生"更多"的自主时间。

如果能一直保持"整理整顿"之后的状态，找东西的时间就会大幅减少。

懂得思路的整理法，学习和工作就会更有效率。

这两者的最终结果都会使解决问题的时间变短。

在这有限的一生中，假如能挤出更多的自由时间，便能相应地积累更多的人生经验，去更多不同的地方，丰富自己的视野和见识。

为我们多彩人生的基石添砖加瓦，我想，这不正是"整理整顿"的意义吗？

“整理整顿”提高学习能力

让您的孩子学会“整理整顿”，也有间接提升其学习成绩的作用。

例如，在步骤 10 的开头，我们设置了如下算术问题：小甲今天白天去吃了拉面，用了一张纸币，这时找回了 4 张纸币、4 枚 A 硬币和 4 枚 B 硬币。拉面的价格有 9 种可能。请将它们全部写出来吧！

首先假设 2000 日元的纸币未流通。然后假设 A 硬币、B 硬币的面额分别为 1 日元、10 日元、100 日元中的一种。

这个问题是通过整理信息从而引出答案的。这无疑是在考察思维整理的方法。您家里的其他成员也可以参与到解题中来。大家可能会意外地发现，这道题对大人来说也并不简单呢。

具体的解题方法在第 101—104 页。由“整理整顿”引发的思考问题的方法，如能使孩子在解法上有所收获，则正如我们所愿了。

这仅仅是一例，其实还有很多题目都显示出“整理整顿”与提升学习能力的关联性。

本书中的思考题不仅是小测验，作为一种训练手段，它们能有效锻炼经“整理整顿”培养起来的逻辑思维能力和空间把握能力。

您的家人也可以和孩子一起，参与到挑战中来。在享受乐趣的同时又锻炼脑力，不失为一个正确的选择。

来自花丸学习会的留言

本篇“结束语”记录了我们想传达给孩子的许多想法和建议。

前面也讲过，学会“整理整顿”有很多好处。所以，如若孩子的整理意识能有所提高，并付诸行动，我们也为此感到欣慰。

但另一方面，我们认为，孩子不懈努力，继续改善自身，从而变成更好的自己，这才是最重要的。

世界上并没有各方面都十全十美的人。无论在学校还是在公司，在这些需要与人共处的场所，大家都是一边相互学习优点、改正缺点，一边生活、进步的。

对“整理整顿”，肯定也是有的人擅长，有的人不擅长。如果不擅长的人不去改善，就会给那些擅长的人添麻烦，最后可能弄得双方都不愉快。

然而，如果自己展现出积极努力的姿态，那么别人就可能愿意伸出援助之手，助我们一臂之力。反之亦然。自己擅长的东西，对方却可能不擅长。这时，就要避免高高在上的姿态，学会帮助别人。正所谓“彼此彼此”。

我们经常从各位家长那里听到对孩子未来的期许，而他们所描绘的多半是“什么都能自己办好”“性格优秀”“无论学习还是运动成绩都不错”，以及类似的“超人”形象。实际上，这有些过分强调个体能力的提高了。

希望孩子们通过阅读本书，能够重新审视自身的强项和弱项。另外，能够尊重他人，使自己的强项也为他人所用、效仿，同时向他人学习，加强自己的弱项。对作为家长的各位来说，这也是应加以留意的方面。